普通家庭投资理财组合

人人皆可财富自由

林晓军◎编著

中国铁道出版社有限公司
CHINA RAILWAY PUBLISHING HOUSE CO., LTD.

内容简介

这是一本针对普通家庭的理财书籍，在帮助普通家庭打理家庭资产的同时，可以通过理财实现财富增值，并最终实现财富自由。全书共七章，为读者介绍了多种投资组合方法，例如常见的投资组合类型、高低风险搭配的组合、不同特点的产品组合和不同周期下的投资组合。

本书的读者对象主要是收入稳定的普通工薪家庭。另外，也适合有投资理财想法的工薪族、理财初学者和爱好者进行相关学习和了解。

图书在版编目（CIP）数据

普通家庭投资理财组合：人人皆可财富自由 / 林晓军编著.—北京：中国铁道出版社有限公司，2021.11

ISBN 978-7-113-28354-4

Ⅰ.①普… Ⅱ.①林… Ⅲ. ①家庭管理-财务管理-通俗读物 Ⅳ.①TS976.15-49

中国版本图书馆CIP数据核字(2021)第180796号

书　　名：普通家庭投资理财组合：人人皆可财富自由
PUTONG JIATING TOUZI LICAI ZUHE：RENREN JIEKE CAIFU ZIYOU
作　　者：林晓军

责任编辑：张亚慧　　编辑部电话：（010）51873035　　邮箱：lampard@vip. 163. com
编辑助理：张秀文
封面设计：宿　萌
责任校对：孙　玫
责任印制：赵星辰

出版发行：中国铁道出版社有限公司（100054, 北京市西城区右安门西街 8 号）
印　　刷：三河市宏盛印务有限公司
版　　次：2021 年 11 月第 1 版　2021 年 11 月第 1 次印刷
开　　本：700 mm×1 000 mm 1/16　印张：13.75　字数：176 千
书　　号：ISBN 978-7-113-28354-4
定　　价：59. 00 元

前言

人人都希望能够实现财富自由，即在保障基本生活需求的情况下，还有足够财富可以自由地投入自己想要做的事情中。但是，我们仅依靠单一的、固定的工资收入很难实现，所以我们需要理财，一方面对自己的财务、债务进行管理，避免不必要的支出；另一方面也通过投资管理使资产实现保值、增值。

虽然看起来很简单，但实际上做起来却不容易，尤其是在风云莫测、变幻无常的金融市场更显艰难。因为市场上的理财产品种类丰富、数量众多，投资者难以从中选择出适合自己的理财工具，而且对于各种类型的理财产品也不知道怎么搭配组合。所以许多投资者，尤其是新手投资者会因为缺乏专业的投资知识和经验，陷入各种各样的投资陷阱中。

所以，对于普通家庭投资理财来说，真正的问题在于不知道如何筛选搭配适合自己的投资组合。

为了解决这一问题，我们从普通家庭的角度出发，详细说明了创建适合自己的投资理财组合的方法，书中介绍了多种类型的投资组合建立方法，并搭配大量的投资案例帮助理解，投资者可以根据自己的投资风格来选择适合自己的组合搭配方式。

全书共七章，可分为三个部分：

◆ 第一部分为第 1 ~ 2 章，属于基础知识部分，也是投资者实际搭建投资组合前必须掌握的知识，内容包括理清家庭财务状况和搭建理财组合的步骤及方法。

◆ 第二部分为第 3 ~ 6 章，是本书的重点部分，主要向读者介绍了多种类型的投资组合方法，包括常见的投资组合类型、高低风险搭配的组合、借助不同产品的特点进行组合和不同周期下的投资组合。

◆ 第三部分为第 7 章，主要是借鉴经典，通过一些经典的投资理财定律来搭配自己的投资组合，以使自己的投资组合能够更科学、合理。例如资产配置 1234 法则、资产配置黄金三法则及家庭理财 3331 法则等。

全书通过循序渐进的描述方式，逐层递进地为读者介绍了多种投资组合方法，便于理解和掌握。此外，书中结合大量的案例、图示和表格，在丰富知识内容的同时，也能更好地帮助投资者理解知识，降低阅读的枯燥感，使读者阅读起来更轻松有趣。

另外，投资组合没有绝对的好坏之分，只有适合与不适合，读者只要在充分考虑自己的财务状况、风险承受能力和投资风格之后，搭建出的投资组合基本上就是真正适合自己的投资组合。

最后，希望所有读者都能从本书中学到想学的知识，掌握快速搭建投资组合的方法，早日实现财富自由。

编　者

2021 年 7 月

第1章　理清财务状况，确定家庭理财目标

有的人理财比较盲目，看着别人都在买，自己也跟着买；看着别人都在卖，自己也跟着卖。殊不知，每一个人的家庭状况不同，理财目标不同，自然理财策略也不同，这样盲目跟风的做法，不仅不会获得理想的投资收益，还可能让自己的家庭生活陷入"泥潭"中。所以，理财首先要了解自己的家庭状况，制定适合自己的理财目标。

第2章 四步完成家庭理财组合的搭建

组合投资其实是通过各类资产的配置使得投资组合在收益和风险之间达到一个最佳的平衡，想要达到这一目的，投资组合就不能随意配置。虽然一千个人心中有一千个哈姆雷特，但是搭建投资组合的步骤是相同的，我们需要严格遵循步骤，才能搭建出真正适合自己的投资组合。

第 3 章 常见家庭投资组合策略全知道

投资组合策略是指家庭投资者根据自己的投资理念制定的符合市场和自己投资目标的投资对象和操作方法的组合。所以，在不同的投资组合策略指导下，投资者搭建的投资组合往往也不同。

第 4 章　高低风险组合，家庭理财更稳健

我们知道任何理财产品都有风险，且不同的理财产品风险程度不同。投资者如果想要家庭理财组合在追求高收益的同时，还能具有一定的稳定性，则可以从风险的角度进行组合配置，将高风险与低风险的产品进行配置则更为稳妥。

第5章 借助不同产品的特点做组合搭配

除了不同类的理财产品可以相互组合搭配之外，其实在同一类理财产品中也分为不同种类，可以利用各自具有的不同特点做组合搭配，这样一来，可以进一步降低投资的风险，也能提高投资组合的稳健性。

第 6 章 家庭理财组合适应不同周期特点

“周期”在家庭理财中是一个重要的参考因素，不同周期条件有不同的投资组合要求，以及不同的组合搭配方式。背离周期搭建的投资组合，投资风险更大。

第 7 章 通过经典的定律做好家庭理财配置

除了自己根据实际需求来组建投资组合之外，我们还可以借助一些经典的投资定律来组建自己的投资组合，可以使投资组合更合理，投资操作更有依据性。

第1章

理清财务状况，确定家庭理财目标

有的人理财比较盲目，看着别人都在买，自己也跟着买；看着别人都在卖，自己也跟着卖。殊不知，每一个人的家庭状况不同，理财目标不同，自然理财策略也不同，这样盲目跟风的做法，不仅不会获得理想的投资收益，还可能让自己的家庭生活陷入“泥潭”中。所以，理财首先要了解自己的家庭状况，制定适合自己的理财目标。

1.1 明确家庭理财的意义

很多人对家庭理财的看法比较单一，认为家庭理财就是投资，如果家里的资金除了供正常的生活开销之外，还有闲置的资金就可以做投资，获得收益。

其实，这是一种误解，家庭理财包括家庭资金收支管理、投资管理、债务管理、家庭开销计划及资产配置等，它是对家庭财富及与财富相关的经济活动进行管理，以便实现家庭资产的增值，所以具有重要意义。

1.1.1 一个家庭有理财的必要吗

很多人会有疑问，一个家庭真的有理财的必要吗？理财不是富裕家庭才应该做的事情吗？

当然不是。家庭理财的关键在于“理”字，即整理、规划的意思。合理地规划我们的家庭资产，对其进行时间、风险、收益管理，实现财富增值，不仅可以避免让家庭生活陷入困境，还能在保障家庭生活品质的同时，实现财富升值，所以家庭理财非常有必要，理财也并不只是富裕家庭的事。

做好家庭理财可以给家庭带来多个方面的益处，具体表现在以下几个方面。

◆ 平衡收支

常常听到有人抱怨，明明自己每天辛辛苦苦工作，却没有存下钱，不知道自己的钱去了哪里。实际上这类人就是没有做好理财，理财中的收支管理可以帮助人们快速了解自己的财务状况和消费习惯，进而减少一些不必要的开销，做到收支平衡，促使家庭生活良性发展。

◆ 积累财富

做家庭理财的人通常会为自己制定一个长期或短期的理财目标，例如买房、买车或旅游计划等。有了理财目标之后，目的性更明确，可以快速为家庭积累财富，避免不必要的开销。

◆ 提升安全感

缺乏安全感是大部分人的通病，因为缺乏安全感，所以很多人即便工作稳定、收入不错，也整日惶惶不安，担心失业，失去生活来源。但是，如果拥有良好的理财能力，能够在收入丰厚的时候，提前为未来可能发生的各种风险做好充足的准备，即使风险真的到来，我们也能够维持目前的生活水平。当我们退休的时候，也能够过上体面的、有保障的老年生活。这样一来，就能获得更多的安全感。

◆ 化解风险

家庭生活最大的风险就是突然发生意外情况，出现超过正常开支数倍的必要性开支，此时很容易对家庭造成致命的打击。但如果家庭提前做好应急备用金的准备，或是家庭理财保险计划，又或者是家庭待收益的投资资产，便能顺利度过这一困境，化解风险。

1.1.2 家庭理财究竟在理什么

家庭理财是指人们对家庭财富进行管理的经济活动。也就是说，一切涉及家庭资产的经济活动都属于家庭理财的范畴，包括赚钱、省钱和花钱。

虽然不同的家庭，其家庭成员不同，理财需求不同，收入情况也不同，且家庭理财的内容也存在差异，但是从整体来看，普遍的家庭理财通常包括八个方面的内容，如表1-1所示。

表 1-1　家庭理财的内容

内　　容	说　　明
收入支出	对家庭整体的收入和支出情况进行管理，避免不必要的、过度的花销，增加收入渠道，提高收入
债务管理	对家庭中的负债进行管理，使其维持在一个合理的水平，避免过高的债务给家庭带来危机
保险管理	保险是对家庭生活可能出现的意外及未来生活进行管理，包括医疗保险、意外伤害、养老保险等
投资管理	对家庭中的闲置资产的投资管理，充分考虑理财的收益性、安全性和流动性
退休计划	提前对退休后的生活进行规划和安排，以便在不工作的情况下，也能够保障生活质量
纳税筹划	在遵循相关法律、法规的前提下，通过对纳税主体的经营活动或投资行为等涉税事项做出事先安排，以达到节税的目的
教育管理	孩子是家庭的重要成员，孩子的教育是一项长久的、必需的开销，需要提前为孩子做好相应的教育计划
财务分析	要实现理财目标，需要分析家庭的基本财务状况，包括家庭的资产负债状况和收入支出情况、家庭财务指标的判断等

1.1.3　家庭理财的风险有哪些

收益与风险共存，每一位投资者在理财之初就要考虑到风险的问题，这也是大部分人不敢做家庭理财的原因。虽然市面上没有一款产品是真正的零风险产品，但是只要掌握规避风险的方法，就能科学地降低或分散风险。

在真正投资理财之前，需要了解家庭理财可能面临的风险有哪些，提前做好相应的准备。

家庭理财的风险主要包括以下五种类型。

◆ 投资亏损风险

投资亏损风险是指在投资理财过程中，投资者损失本金的可能性，即投资者如果没有看准行情，或者是操作失误，都有可能损失本金。因此，投资者在入市之初就要做好亏损的心理准备，提前设置好止损位。

◆ 资产配置不合理风险

资产配置不合理风险是指对家庭资产没有进行科学合理的分配，不能保持平衡，理财渠道过于单一，一旦该渠道出现损失，投资者就会遭受重大的经济损失。很多投资者往往都会将资金投向一个理想收益较高的理财产品中，例如股票，如果股票遭遇熊市，那么投资者会损失惨重。

所以，投资者需要对资产做好均衡的分配，将资产分配到不同的理财产品中，合理对冲投资风险，有效避免陷入资产不平衡风险之中。

◆ 跟风理财风险

跟风理财风险是家庭理财中最常见的一种，有的人缺乏理财知识，也没有投资经验，看到他人成功的理财方案就赶紧跟随入场。但是，没有任何一种投资方法是适合所有人的，每个家庭的收入水平不同、资产结构不同、承受的风险水平也不同，如果只是一味地照搬他人的理财方案，则无疑增大了投资风险，让自己陷入危险之中。

◆ 变现风险

变现风险是指投资者在资本市场上无法以正常的价格将投资对象平仓出货。如果投资者在短期内无法完成出货，资金就会被占用，从而失去其他新的投资机会，或者是面临低价出售的损失。

以股票为例，如果投资者在股价下跌行情中挂单卖出股票，但下方没有接收盘，则无法完成出货，就可能被套，继续遭受股价深跌的重创。

◆ 利率风险

利率风险是指由于利率波动变化而给投资者带来的投资风险。以债券为例，投资者买进债券，其价格受到银行存款利息的影响，当银行存款利率上升，投资者就会将资金存入银行，债券价格就会下跌。

1.2 摸清自己的家底

理财需要投入本金，那么可供投资的资金有多少呢？将家庭资金用于投资理财之后，会不会对家庭正常的生活开销造成影响呢？为了解决这些问题，更好地完成理财投资，我们就需要摸清自己的家底，了解自己真实的收入、支出状况。

1.2.1 家庭收入来源

家庭收入是指一起生活的所有家庭成员的全部货币收入和实物收入的总和，主要包括以下列举的几个方面。

①劳动所得的薪酬、奖金、津贴和补贴等。

②退休后领取的各类养老金和补贴。

③银行存款、股票及债券等有价证券产生的收益。

④出租或变卖家庭资产获得的收入。

⑤法定抚养人或赡养人给予的抚养费或赡养费。

⑥继承的遗产或接受的赠予。

⑦生产经营净收入。

⑧出让知识产权收入。

⑨其他应当计入家庭收入的收入。

了解了家庭收入的范围之后，需要编制家庭收入表，对家庭的收入情况进行分析。

编制家庭收入表比较简单，只要按照实际情况将家庭成员及家庭整体的收入状况表达清楚即可。表 1-2 所示为家庭收入表模板。

表 1-2　家庭收入表

时　　间	收入对象	收入来源	金　　额	合　　计	总　　计	各自占比
1 月	父亲	工资				
		兼职				
	母亲	工资				
		兼职				
	孩子	工资				
		经营收入				
	家庭	房租出租				
		投资收入				
2 月	父亲	工资				
		兼职				
	母亲	工资				
		兼职				
	孩子	工资				
		经营收入				
	家庭	房租出租				
		投资收入				
……	……	……	……	……	……	……

通过家庭收入表可以对家庭收入结构进行分析判断，具体如下：

如果收入来源比较单一，则需要考虑是否应该开源，想办法增加收入的渠道。

如果收入金额不稳定，有的月份收入较高，但有的月份甚至是连续几个月，收入较低，则需要从收入稳定性的角度来对收入结构进行调整，使其达到一个平衡。通常收入较低的月份，工作比较清闲，空闲时间比较多，可考虑兼职来增加收入等。

如果收入中的某一项目占比较高，甚至处于畸高水平，也需要考虑收入的稳定性，该收入是否能长期保持这样的高收入，若不能，则应提前做好应对的措施。例如，家庭收入中投资收益占比较高，可能是因为投资了高收益的股票一类产品，但是股市风险较大，并不能保证每月都能获得高收益，还可能遭受重大的损失。

1.2.2 家庭支出管理

家庭支出管理与家庭收入管理相对应，它是指对一起生活的所有家庭成员的全部支出进行管理分析。但是，实际中很多家庭却缺乏支出管理意识，使得家庭产生了许多不必要的开销，造成浪费。

其实，资产的积累离不开节省开支，合理节流、理智开销，可以使我们快速地积累财富。

家庭开支项目根据其花费的必要性和功能性，可以将其分为以下三大类。

◆ 周期性基础开销

周期性基础开销是指为维持家庭正常生活而必要的稳定性开销，包括房租费、水电费、通信费、交通费、物业管理费及生活费等。

◆ 临时性必要开销

临时性必要开销是指家庭生活中突发性的、不可避免的必要开销，例如人情礼金和家庭电器维修等。

◆ 享受型额外开销

享受型额外开销是指为了提升生活品质、享受生活而产生的开销，例如户外旅游、娱乐活动花费、外观装饰及理财保险等。

了解了家庭支出的类型之后，也需要编制家庭支出表，对家庭的支出情况进行分析。

为了后期能够更好地做支出管理分析，帮助节流，编制家庭支出表时要划定支出类别和具体的项目，才能帮助家庭明确应该在哪些方面注意节省，避免不必要开销。表1-3所示为家庭月度支出表模板。

表1-3 家庭月度支出表

类别	项目	月度累计	日期										
			1	2	3	4	5	6	7	8	9	10	……
生活开销	食品												
	水电												
	燃气												
	通信费												
	网费												
	房贷												
	油费												
临时开销	家电采买												
	人情往来												
	外出就餐												

续表

类　别	项　目	月度累计	日期										
			1	2	3	4	5	6	7	8	9	10	……
丈夫开销	午餐费												
	烟酒												
	衣物												
	电子设备												
妻子开销	化妆品												
	衣物												
	首饰												
	电子设备												
孩子开销	学费												
	文具费												
	书本费												
家庭月度支出合计													

家庭支出表编制完成之后，还要将花销的项目按照周期性基础开销、临时性必要开销及享受型开销进行分类，并计算得出不同项目与总开销之间的比例。

如果享受型开销的比例过大，则需要适当控制。需要注意的是，家庭应保持适度的消费，即与家庭收入和社会风尚相适应的消费水平，如果过度消费，不仅会造成浪费，还会影响家庭资产的积累。

1.2.3　家庭负债情况

家庭负债是指家庭的借贷资金，包括所有家庭成员欠的所有债务和贷款等。从家庭负债的负债内容来看，大致上可以将其分为以下四种。

贷款。是指银行的各类贷款，包括住房贷款、汽车贷款、教育贷款和消费贷款等。

债务。是指家庭债务，需要偿还的欠款。

税务。一般是指个人所得税等应纳税额。

应付款。是指短期应付账单，包括应付房租、水电费和利息等。

负债可以在短期内增加资产，所以很多人乐于超前消费，贷款买房、贷款买车、贷款装修，甚至是贷款购物，但需要注意的是，家庭负债数量累积的越多，家庭发生债务风险的可能性也就越大。因此，我们需要对家庭债务进行管理，设置家庭负债警戒线，避免家庭生活被负债拖垮。

这里涉及一个家庭资产负债率，其公式如下：

资产负债率＝负债总额 ÷ 资产总额 ×100%

通过该公式可以计算出家庭负债是否处于良性的状态。因为不同的家庭，其收入情况、家庭年龄结构、成员结构、资产结构、收入渠道和资产稳定性都不同，所以每个家庭承受的负债率也不同。但是，对于普通家庭而言，家庭的合理负债率不能超过 50%，如果超过，则家庭的抗风险能力会大大降低，一旦出现意外或事故，就会给家庭带来沉重的打击。

综上所述，良性的负债可以让家庭资产增值，而不良负债会给家庭带来经济危机。所以我们需要提前对负债做好管控。

1.3 判断家庭财务状况分析

在对家庭收入、支出和负债有了比较清晰的认识之后，还需要对家庭的财务状况进行诊断，判断家庭财务的健康状况，并对不健康的财务状况做出调整和改善。

1.3.1 财务三大报表分析家庭财务状况

接触过财务的人都知道，财务三大表指现金流量表、资产负债表和利润表。同样地，在家庭财务管理中也有对应的三大表：收入支出表、资产负债表和投资损益表。通过这三大表可以轻松实现家庭财务管理。

（1）收入支出表

收支表是反映一定时期内家庭收支状况的表单，通过该表单可以分析查看家庭的收支、结余情况。编表依据的会计等式如下：

收入 - 支出 = 结余

家庭收支表比较简单，就是将家庭月度（或年度）收入和支出项目汇总成为一份报表，并计算得出家庭资产结余，查看是否存在入不敷出的情况，以及收入和支出是否合理等。表 1-4 所示为家庭收支表模板。

表 1-4　家庭收支表

家庭收入		家庭支出	
项目	金额	项目	金额
工资		生活	
奖金		服装	
租金收入		交通	
利息		房贷	
股票		娱乐	
基金		医疗	

续表

家庭收入		家庭支出	
项目	金额	项目	金额
其他		父母供养	
		孩子学费	
		其他	
收入合计		支出合计	
结余			

（2）资产负债表

资产负债表是对所有资产和负债梳理汇总的表格。资产包括现金资产、金融资产和实物资产等，负债包括流动性负债和长期负债等。编表依据的会计等式如下：

净资产 = 资产 − 负债

所以，资产负债表由资产、负债和净资产三个部分组成。资产负债表根据其结构布局的不同，分为报告式资产负债表和账户式资产负债表。

①报告式资产负债是上下结构，上半部分是资产，下半部分是负债和净资产。报告式资产负债表遵循的公式如下：

资产 − 负债 = 净资产

②账户式资产负债表为左右结构，左边是资产，右上部分为负债，右下部分为净资产。账户式资产负债表遵循的公式如下：

资产 = 负债 + 净资产

表 1−5 所示为报告式资产负债表模板，表 1−6 所示为账户式资产负债表模板。

表 1-5　报告式资产负债表

家庭资产	
固定资产：	金额
房产	
汽车	
家电	
……	
合计	
流动资产：	
定期存款	
活期存款	
基金	
股票	
……	
合计	
家庭资产合计	
家庭负债	
项目：	
购房贷款	
汽车贷款	
现金借款	
消费贷款	
……	
家庭负债合计	
家庭净资产	

表 1-6　账户式资产负债表

家庭资产		家庭负债	
项目	金额	项目	金额
固定资产：		购房贷款	
房产		汽车贷款	
汽车		现金借款	
家电		消费贷款	
……		……	
合计		**家庭负债合计**	
流动资产：			
定期存款			
活期存款			
基金			
股票			
……			
合计		**家庭净资产合计**	
家庭资产合计		**家庭负债及净资产合计**	

（3）投资损益表

投资损益表反映家庭在一段时期内的投资收益情况，一般以年为统计单位进行计算。

投资损益表应将投资项目、投入时间、期限及收益率进行统计分析，然后对其中表现不佳、出现严重损失的项目进行调整，使整个家庭投资组合可以更平稳，抗风险性更强。

表 1-7 所示为家庭投资损益表模板。

表 1-7　家庭投资损益表

项　　目	金　　额	期　　限	投入时间	到期时间	年 收 益
高风险投资：					
股票					
期货					
外汇					
……					
高风险投资合计					
中风险投资：					
基金					
债券					
券商					
……					
中风险投资合计					
低风险投资：					
定期存款					
活期存款					
货币基金					
低风险投资合计					
投资合计					

通过上述三大表格的统计，投资者可以对自己的家庭财务状况有一个大致的了解，在后期的投资中也能做到胸中有数。

1.3.2 财务指标判断家庭财务健康程度

除了需要了解家庭真实财务状况之外，还需要对家庭的财务健康情况做出判断，以便对家庭财务结构做出适当的调整，并做出合理的规划。此时，我们可以借助一些财务指标来进行财务健康状况判断。

◆ 结余比率

结余比率是家庭在一段时期（通常为年）内的结余与收入的比值，可以反映出家庭控制支出的能力和储蓄的能力。结余比率计算公式如下：

结余比率＝结余 ÷ 税后收入

结余比率的参考值为0.3，也就是说，如果家庭每年的结余达到收入的30%及以上时，说明家庭财务处于一个比较健康的状态。同时，该值越大，则说明家庭积累财富的速度也就越快。

◆ 流动性比率

流动性比率是流动资产对每月支出的比率，在家庭财务分析中，流动性比率可以反映出家庭支出能力的强弱。流动性比率的计算公式如下：

流动性比率＝流动资产 ÷ 每月支出

流动资产包括现金、活期存款和货币基金这一类资产。该数值不应过高，参考值在3～6即可，也就是说，应该预留一部分的流动资产以便应对未来3～6个月的家庭开支。

◆ 清偿比率

清偿比率是反映家庭综合能力强弱的指标，计算公式如下：

清偿比率＝净资产 ÷ 总资产

清偿比率比较合理的参考范围在0.5～0.7，如果过低则说明家庭负债过重，容易引发家庭经济危机；如果过高则说明家庭负债过低。

◆ 财务负担比率

财务负担比率反映每个月的还款压力情况，计算公式如下：

财务负担比率 = 每期还款额 ÷ 同期税后收入

财务负担比率应该低于 0.4，也就是说每月还款的金额总数不能超过收入的 40%，一旦超过该比例则很容易发生家庭财务危机。

◆ 投资与净资产比率

投资与净资产比率反映家庭通过投资扩大资产规模的能力，计算公式如下：

投资与净资产比率 = 投资资产 ÷ 净资产

投资资产包括银行存款、股票、基金和债券等，所有能够产生投资收益的资产。投资与净资产比率在 0.5 左右比较适合，如果是年轻家庭受制于投资规模和投资经验等，在 0.2 左右也正常。投资资产与净资产比率的数值越高，则说明家庭财富增值的能力就越强。

上面介绍的是比较常见的，也是实际应用较多的判断财务健康情况的财务指标，当然除了上面介绍的指标之外，还有其他的一些指标，投资者可以根据实际需求选择使用。

1.3.3 评估家庭的风险承受能力

家庭风险承受能力是指一个家庭能够承受多大的损失，而不至于影响正常生活。每一个家庭在做理财投资之前都要对自己的投资风险承受能力进行评估，然后在自己的风险承受范围内组建投资组合。

风险承受能力的高低通常要综合考量家庭资产状况、收入情况及负债等，所以不同的家庭，其风险承受能力不同。可以通过三个方法来综合评估自己的风险承受能力。

（1）家庭成长周期

每一个家庭所处的成长周期不同，其承担的责任不同，对应的承受风险的能力也不同，所以可以从家庭所处的成长周期来判断其风险承受能力。

通常家庭成长周期可以分为四个周期，如表1-8所示。

表1-8　家庭成长周期

家庭成长周期	抗风险能力	说　明
形成期	弱	这一时期的家庭通常为刚刚新婚不久的年轻小夫妻，因为比较年轻，工作时间不长，所以积累资产的时间较短，财富积累的量也不多。同时，还可能存在结婚购房、购车而产生供房、供车的经济压力。所以，处于这一阶段的家庭承受风险的能力较低
成熟期	较强	这一时期的家庭通常已经有了几年的沉淀，工作已经比较稳定，自身还处于发展上升期，薪酬不断上涨，孩子还小，教育投入较低，家里老人还比较硬朗，不需要过多的照顾，所以抗风险能力较强
子女教育期	较弱	这一时期的家庭虽然工作比较稳定，但是因为年龄渐长，工作能力和水平达到一个比较稳定的状态难以有更大的突破。同时，孩子教育投入加大，家庭责任加重，所以抗风险能力降低
家庭稳定期	弱	这一时期的家庭比较稳定了，通常自身年龄在50岁左右。虽然收入稳定，没有养育孩子的负担，但是自身的健康状况变差，且父母年老需要赡养，所以家庭更需要稳定，抗风险能力降至最低

（2）家庭抗风险能力测试

前面介绍了家庭抗风险能力的强弱与收入状况、资产状况及负债等都有密切的关系，所以可以通过这些来对其进行综合判断。此时，可以借助家庭抗风险能力测试题来进行评估。通常测试题的题目范围较广，不仅包括家庭收入、负债情况，还包括投资者的个性等，这样获得的测试结果往往更准确。

家庭抗风险能力测试题如下。

理财实例

家庭抗风险能力测试

1. 您目前的生活水平处在哪个层面？（　　）

A. 富裕，很舒适

B. 比较舒适，但离不开工作

C. 够基本生活，需要努力工作

2. 如果有一天出门后就回不了家了，您的家人还会过得和以前一样好吗？（　　）

A. 会有点儿影响，但也能过得很舒适

B. 会有较大影响，可能只能过基本的生活

C. 影响很大，可能会过得很累

3. 如果有一天生病了，医药费、手术费及后期的营养保健费要花费10万元以上，这对您的家庭财务状况会有多大影响？（　　）

A. 微不足道，当年就能恢复家庭财务正常

B. 影响较大，可能需要两三年才能恢复正常

C. 影响很大，可能需要五年或更长时间才能恢复财务正常

4. 如果孩子的教育费在30万～45万元，您目前为孩子准备了多少教

育金呢？（　　）

A. 很充足，我已完成孩子的教育金准备

B. 比较充足，虽然还没完全完成，但正按计划完成

C. 没怎么准备，也没什么计划

5. 现在的人均寿命为 80 岁，假如您 60 岁退休后有 20 年的养老生活，按照目前的物价消费指数，您准备每个月开支多少？是否建立了养老计划并付诸行动？（　　）

A. 有计划，有行动

B. 有计划，无行动

C. 无计划，无行动

计分方法：选 A，20 分；选 B，10 分；选 C，0 分。

总分在 80 ～ 100 分，抗风险能力很强，可以高枕无忧。

总分在 60 ～ 80 分，抗风险能力较强，可以适当做点财务规划来提高抗风险能力。

总分在 40 ～ 60 分，抗风险能力较弱，很需要完善财务规划来保障家庭。

总分在 40 分以下，抗风险能力很弱，迫切需要及时的财务规划来保障家庭。

（3）风险承受能力评估表

风险承受能力评估表与风险测试题有异曲同工之妙，也是多维度地对家庭风险承受能力进行评估。但是，它是通过矩形表格，列举相关项目和选项，投资者根据自己的实际情况选择与自己对应的选项，并获得相应的分数，然后将所有分数合计得到一个最终的分数，就能够知道家庭的风险承受能力了。

表 1–9 所示为风险承受能力评估表。

表 1-9　风险承受能力评估表

项　　目	分　　数				
	10 分	8 分	6 分	4 分	2 分
工作情况	资深上班族	普通上班族	佣金收入	自营事业	事业
家庭情况	未婚	已婚双薪无子女	已婚双薪有子女	已婚单薪无子女	已婚单薪有子女
置业情况	有房无贷款	贷款购房，房贷 30%	贷款购房，房贷 50%	贷款购房，房贷 70%	租房
投资经验	10 年以上	6 ～ 10 年	2 ～ 5 年	1 年以内	无
投资知识	专职人员	专业学习人员	自学多年	略懂一些	无
投资年龄	总分为 50 分，25 岁以下者 50 分，每多 1 岁少 1 分，75 岁以上 0 分				
所得分数	80 ～ 100 分	60 ～ 79 分	40 ～ 59 分	20 ～ 39 分	0 ～ 19 分
风险承受能力	较高	高	中	低	较低

1.4　家庭理财实用的工具大全

工欲善其事，必先利其器。投资者想要在变幻无常的金融市场中赚取更高的收益，成为胜利者，就需要掌握一些实用的理财工具的使用，才能让我们的投资更轻松。

1.4.1　基金分析和筛选工具

基金是比较常见的一种投资工具，市面上的基金成千上万，面对这么多的基金，投资者往往感到迷茫，不知如何下手。此时，我们可以借助晨星基金网来进行分析，帮助我们对市面上的基金进行筛选，进而选择出真正适合我们投资的基金。

晨星网是美国知名基金评级机构在国内设立的网站，主要为国内的基金投资者提供专业的财经资讯、基金及股票的分析和评级，是一款非常便捷的基金分析工具。投资者可以利用晨星网来查询基金的相关资料，但不支持直接投资。

利用晨星基金网筛选基金，最常用到的是基金筛选器和基金对比，针对两大工具，下面进行介绍。

（1）基金筛选器

基金筛选器指投资者可以通过自定义的方式设置基金组别、基金分类、晨星评级、股票投资风格箱、资产净值、业绩、风险、成立日期、基金公司、申购/赎回状态、最小投资金额、基金名称等条件来筛选基金。

理财实例

基金筛选器选择基金

打开晨星基金官网（http://www.morningstar.cn）并注册登录账号，进入首页单击“基金工具”选项卡，在弹出的菜单列表中选择“基金筛选器”选项，如图1-1所示。

图1-1 选择“基金筛选器”选项

进入“基金筛选”页面，根据页面给出的条件来筛选基金，选中筛选条件前的复选框，再单击“查询”按钮，即可在下方查看到筛选后的基金列表，如图 1-2 所示。

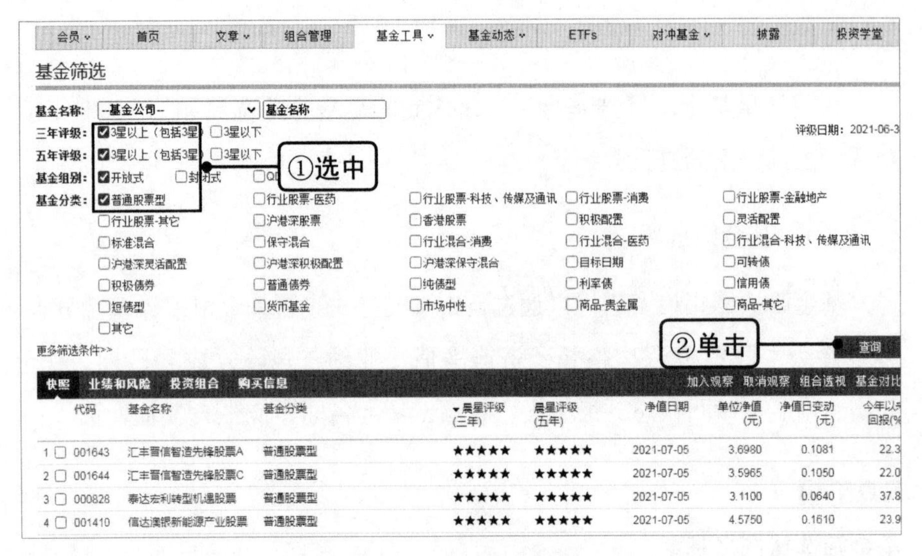

图 1-2　设置筛选条件

如果投资者还想要进一步筛选，则可以在页面中单击“更多筛选条件”超链接，进入更多筛选条件基金筛选页面，然后按同样的操作，设置筛选条件，并单击“查询”按钮即可，如图 1-3 所示。

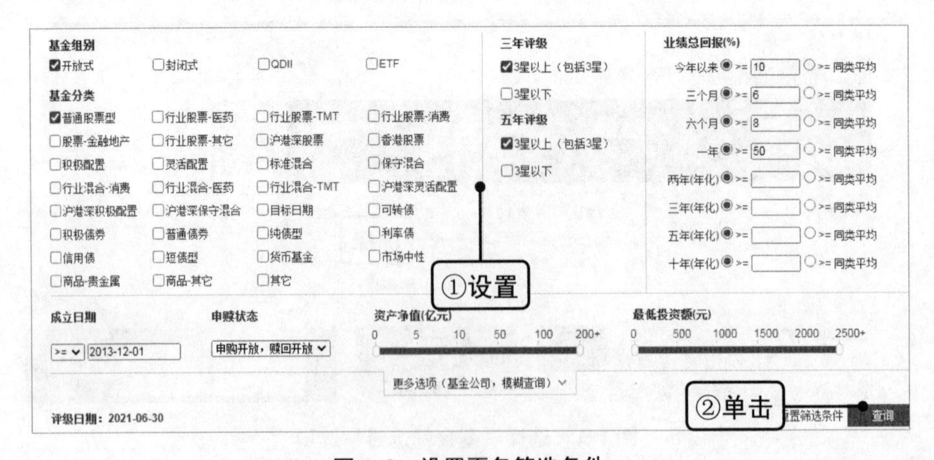

图 1-3　设置更多筛选条件

利用该基金筛选器，投资者可以快速找到更合自己心意的基金。

（2）基金对比

基金对比功能通常用在基金筛选功能之后，帮助投资者在投资中优中选优，做进一步的筛选优化。

晨星基金网中的基金对比功能，着眼于基金间的基本信息、晨星评级和风险指标的横向对比，进行直观易懂的比较，帮助投资者快速做出决策，最多可以同时比较四只基金。

晨星基金网中的基金对比功能最大的优点在于其对比维度多，包括晨星评级、风险评估、历史回报等，数据比较全面，投资者可以快速从多只基金中做出选择。

理财实例

基金对比功能做比较分析

返回至晨星基金首页，选择“基金工具 / 基金对比”选项，如图 1-4 所示。

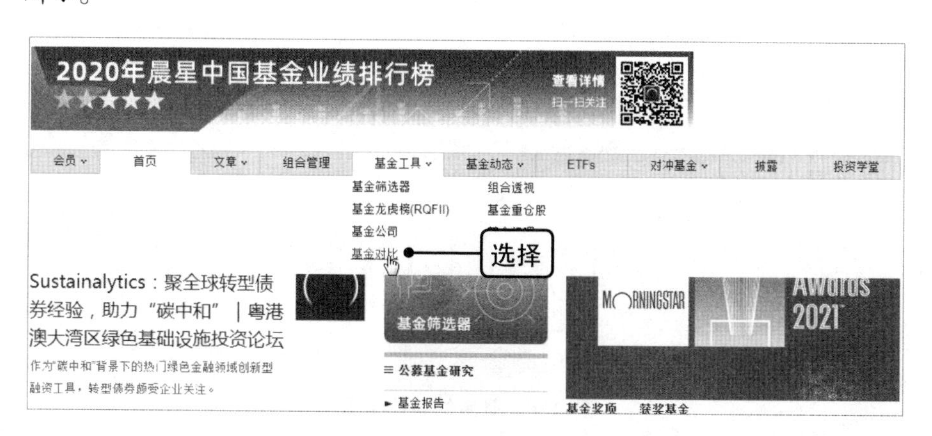

图 1-4 选择“基金工具 / 基金对比”选项

进入基金对比页面，单击“hxdp 或 000011 或华夏大盘”字符，显示空白文档后可以输入目标基金的名称或代码信息，下方显示出该基金后，单击基金名称，如图 1–5 所示。

图 1–5　添加需要对比的基金

最多可以添加四只基金，添加完成后，就可以在页面下方看到这四只基金的对比分析情况，内容非常详尽，如图 1–6 所示。

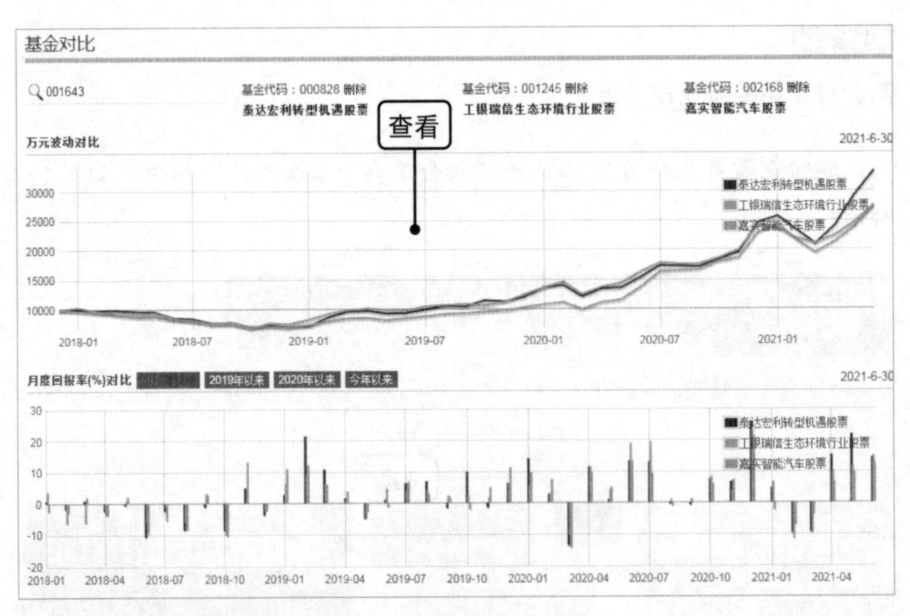

图 1–6　基金的对比结果

这里未显示完全的部分还包括基金的万元波动图比较、历史回报率比较、晨星评级比较、风险评估比较、风险统计比较、晨星股票投资风格箱比较、资产分布及行业分布情况等，内容清晰，比较全面，横向比较，投资者可以筛选出优质基金。

1.4.2 炒股捕捉市场信息利器

我们都知道股市风云变幻莫测，涨跌难以预估。其实，很多时候造成这一原因的关键是信息闭塞，投资者无法快速、精准地捕捉到市场内的信息变化，以致无法提前做出相关的应对措施。这里介绍一些实用的信息捕捉利器，具体如下。

（1）看研报

研报即研究报告，股票中的研报指证券公司研究人员对证券及相关产品的价值，或影响其市场价格的因素进行分析，进而做出的研究报告。投资者看研报有助于了解某个行业或公司，对炒股投资有重要的参考意义。

◆ 慧博投研资讯

慧博投研资讯是一家专业的研报大数据平台，为投资者提供了各类证券研究报告、股票研究报告和券商研究报告等内容，用户也可以在线查看各类行业报告，获得准确的行业信息。图1-7所示为其官网首页（http://www.hibor.com.cn）。

图1-7 慧博投研资讯首页

◆ 萝卜投研

萝卜投研是利用人工智能、大数据和移动应用技术等建立起来的一个股票基本面分析智能投研平台。投资者利用萝卜投研可以快速查看投资资讯、公告、研报、财报和数据等信息，捕捉市场信息。图 1-8 所示为萝卜投研的官网首页（https://robo.datayes.com/）。

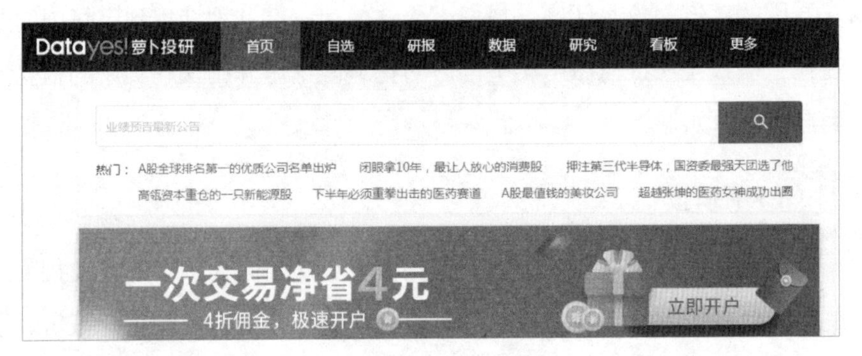

图 1-8　萝卜投研首页

◆ 东方财富网研报中心

东方财富网研报中心提供了沪深两市最全面的研报信息，并对各大机构的研究报告进行了优化整合，深入解析了上市公司的最新变化、成长性、未来的发展方向，并分析了其业绩发展趋势，对投资者的投资决策有重要影响。图 1-9 所示为东方财富网官研报中心（http://data.eastmoney.com/report/）。

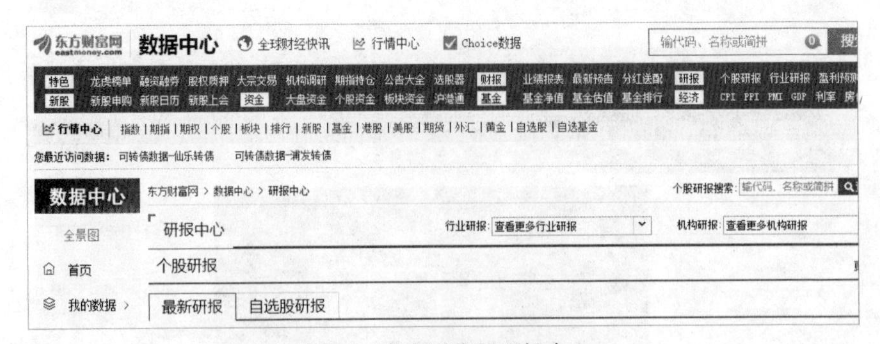

图 1-9　东方财富网研报中心

（2）看公司财报

财报指财务报告，一家上市公司的财务状况不好，盈利能力下降，偿债能力较弱，自然能说明该公司的综合实力较弱，不能购买该公司的股票。反之，则说明上市公司实力强劲。所以，投资者有必要查看公司财报。

投资者可以从以下几个网站来查看公司的财报信息。

◆ 巨潮资讯网

巨潮资讯网是中国证监会指定的上市公司信息披露网站，该平台提供了上市公司公告、公司资讯和公司互动等内容，投资者可以通过该平台快速查到上市公司的财务信息。图 1–10 所示为巨潮资讯网的官网首页（http://www.cninfo.com.cn/）。

图 1–10 巨潮资讯首页

◆ 财报说

财报说是一款专业的证券数据分析网站，通过数学算法分析上市公司财务报表，帮助投资者了解上市公司真实的财务状况，实时掌握最新的财经信息，挖掘最佳的投资机会。图 1–11 所示为财报说官网首页（https://caibaoshuo.com/）。

图 1-11　财报说首页

◆ 看财报

看财报是一个专业的财务分析网站，为投资者提供上市公司财务数据，以及基本面分析指标，同时提供 DCF 折现工具、杜邦分析表、历史 PE（市盈率）和 PB（市净率）数据，还有多家公司对比等，帮助投资者获得全面的财报信息。图 1-12 所示为看财报官网首页（https://www.kancaibao.com/）。

图 1-12　看财报首页

（3）看行情

炒股离不开对市场的准确判断，但是这些都建立在对行情的精准分析的基础之上，所以投资者需要想办法获得尽可能多的、准确的、客观的行业数据，这样才能做出正确的投资决策。下面介绍一些查看行情的网站。

◆ 国家统计局

国家统计局是官方的且最为权威的数据信息库，包含国内数据、国际数据和普查数据等。投资者在对市场进行分析时，做行业的潜力预测及未来发展评估时，可以在国家统计局网站查询相关信息。图 1-13 所示为国家统计局官网首页（http://www.stats.gov.cn/）。

图 1-13 国家统计局

◆ 中国金融信息网

中国金融信息网是由新华社主管、中国经济信息社主办的一家专业的国家级财经网站，其包含了政策权威发布、专家解读以及各类金融信息等，可以帮助投资者实时跟踪国内及国际的金融市场变化，寻求更多的投资机会。图 1-14 所示为中国金融信息网官网首页（http://www.xinhua08.com/）。

图 1-14　中国金融信息网

◆ 前瞻网

除了一些国家级平台网站之外，还有一些企业级网站，同样能为投资者提供多种多样的精准行业信息，而前瞻网就是这样一个网站。前瞻网是一个综合门户网站，提供了财经、社会、时政及娱乐等综合新闻资讯，并对主要行业进行了专题探讨和深入分析，对投资者具有重要的参考价值。图 1-15 所示为前瞻网首页（https://www.qianzhan.com/）。

图 1-15　前瞻网

1.4.3 债券投资借助专业信息更方便

债券是一种收益稳定、风险较低的投资工具，也是家庭理财中不可或缺的一类投资产品。因为债券投资通常时间较长，所以投资者需要在购买债券之前对相关的债券做好信息查询，再做出是否投资的决策，这样更稳妥。债券投资的实用工具网主要有以下几种。

◆ 中国债券信息网

中国债券信息网是政府授权专门从事国债、金融债券、企业债券和其他固定收益证券的统一登记、托管及交易等业务的机构。投资者通过中国债券信息网可以查询到各个债券的详细信息，包括评级、承销渠道、付息方式及利率等。图 1–16 所示为中国债券信息网官网首页（https://www.chinabond.com.cn/）。

图 1–16 中国债券信息网

◆ 上证债券信息网

上证债券信息网是一个专业的债券信息服务平台，提供了债券信息查询、债券定向信息披露、市场数据查询、债券项目信息及债券公告查询等，投资者可以通过该平台快速查询目标债券的相关信息。图 1–17 所示为上证债券信息网官网首页（http://bond.sse.com.cn）。

图 1-17　上证债券信息网

借助这些专业的债券查询网站，投资者可以了解到更多、更广、更多元的债券信息，可以为债券投资提供很多便利。

1.4.4　口袋 App 记账更简单

通过前面的介绍，我们知道理财的第一步是懂得管理自己的资产，尤其是家庭资金的出入账管理，做好每一笔资金的记录，做到有账可查，才能在财务分析时更轻松。

日常记账看起来比较烦琐，但只要掌握方法，借助一些记账 App 就能轻松实现记账，这里推荐一款实用的记账 App——口袋记账。口袋记账是一款操作非常简单，容易上手的手机记账软件，时光轴的设计可以便捷地记录每一笔账单，有一键报表生成等功能，可以快速完成记账工作，使记账更简单、便捷。

口袋记账 App 由五个板块组成：资产、报表、记账、理财和更多。我们主要运用的是资产、报表和记账功能。进入记账页面，输入金额并选择类型，记录每天的账单收入支出情况，就能看到如图 1-18 所示的账本。

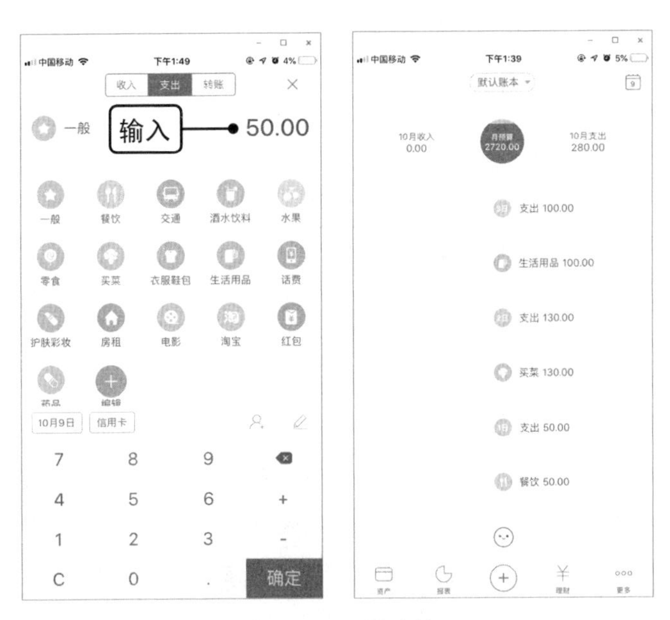

图 1-18　记录账单

选择“资产”板块，就可以查看到我们当前的资产状况，包括资产和负债两个部分，如图 1-19 所示。

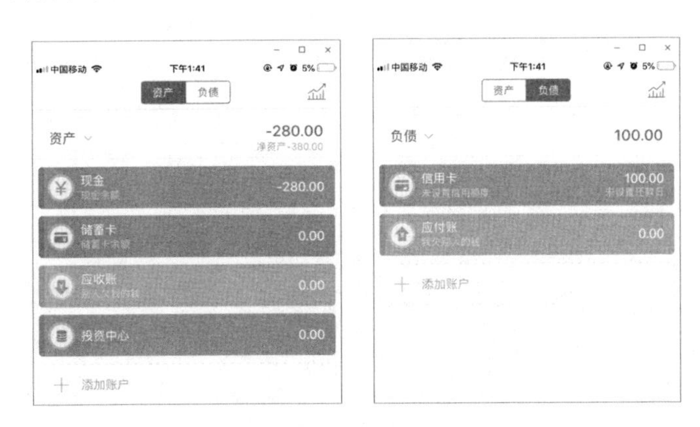

图 1-19　查看资产状况

选择“报表”板块，可以查看账单的详细分析，包括账单的分类情况、趋势走向、对比比较及成员情况，如图 1-20 所示。

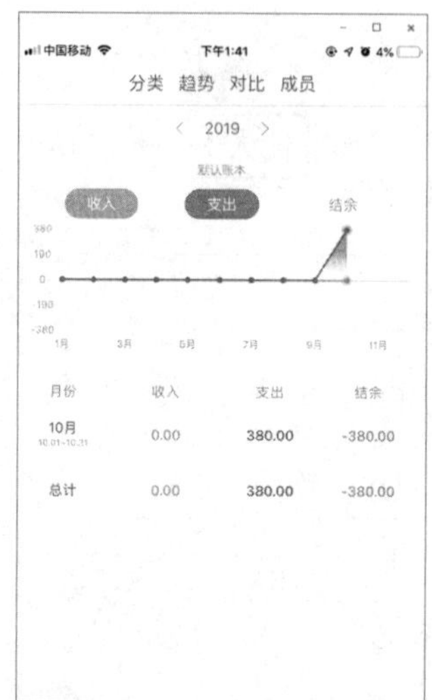

图 1-20 查看账单报表

通过上述口袋记账 App 的功能操作介绍，可以看到口袋记账的操作只需要几个步骤即可完成账单记录和分析工作，非常简单。

第2章

四步完成家庭理财组合的搭建

组合投资其实是通过各类资产的配置使得投资组合在收益和风险之间达到一个最佳的平衡，想要达到这一目的，投资组合就不能随意配置。虽然一千个人心中有一千个哈姆雷特，但是搭建投资组合的步骤是相同的，我们需要严格遵循步骤，才能搭建出真正适合自己的投资组合。

2.1 第一步：确定理财目标的意义

理财目标不仅是搭建投资组合的第一步，更是理财的第一步。理财目标在理财中有指引作用，投资者有了清晰的理财目标，才能知道自己的理财方向，选择对应的标的，并为之努力。这比盲目理财动力更足，也更容易成功。

2.1.1 如何制定一个合适的理财目标

理财目标是指投资者通过理财投资活动想要达到的最终目的，它决定着投资活动的基本方向。但是理财目标并不能随意制定，需要结合自身的实际情况和需求来制定，否则制定的理财目标没有意义。

制定理财目标时需要遵循以下三项基本原则：

①必须具有现实性。

②制定的目标要明确。

③确定达成目标的时间。

在实际的制定过程中，也可以利用SMART原则，具体内容如下：

S-Specific-明确的，要求制定的目标必须明确，例如10年完成孩子教育金的积累。

M-Measurable-可衡量的，要求制定的目标必须量化，给出具体的数据，例如孩子大学四年的教育金储蓄积累10万元。

A-Attainable-可达到的，要求制定的目标必须是在考虑家庭实际财务状况、目标年限及未来的发展等条件之后确定的，即该理财目标是在合理发展的假设前提下制定的可实现的目标。

R-Realistic- 现实的，要求制定的目标要充分考虑外在条件与家庭限制，理财目标要符合现实情况。

T-Time-bound- 有时限的，要求制定的目标有明确的完成期限，否则拖得太久，目标也就没有了意义。例如五年完成孩子大学四年的教育金积累。

利用 SMART 原则，可以使投资者快速制定出清晰、明确且可操作性强的目标。

2.1.2 理财目标的常见类型

虽然每个人的理财需求不同，设置的理财目标也不同，但是我们仍然可以按照一些属性对其进行划分，使我们的理财目标更明确。具体划分方法如下：

（1）按照时间划分

按照时间的长短可以将理财目标分为短期目标、中期目标和长期目标。

- 短期目标是指一年以内可以实现的目标，例如短线投资获得 10% 的收益。
- 中期目标是指 1 ～ 10 年可以实现的目标，例如买房、基金定投等。
- 长期目标是指 10 年以上的目标，通常为一些退休养老计划。

理财贴士 *短期、中期、长期目标的期限性*

这里短期目标、中期目标和长期目标的期限都是相对而言的，并不是绝对的，且不同的人对于短期、中期和长期目标的理解可能存在不同。

（2）按照理财意愿划分

按照理财的意愿对理财目标进行划分，可以将其分为被动目标和主动目标。被动目标指必须要优先满足的目标，如果没有实现可能会影响家庭的正常生活，例如偿还债务目标、生活基本开销目标等；主动目标指投资者为了提高生活品质、实现精神享受而设定的目标，例如国内外旅行目标。

（3）按照投资人年龄划分

不同年龄的投资人有不同的理财目标，所以可以按照投资人年龄对其进行划分，具体如下：

①青年期理财目标，该阶段花销大、收入低，所以此时的理财重点并不在于获利，而是在于养成理财习惯，注重财富积累。

②家庭形成期的理财目标，该阶段结婚生子，经济收入增加，生活趋于稳定，应注重财富积累和增值。

③中年期理财目标，该阶段的家庭通常已经有子女，且子女教育开销大，应注重子女教育金的积累。

④中老年理财目标，该阶段收入稳定、子女成年，应该提前为自己的晚年生活做好打算。

最后，需要注意的是，不管是什么样的理财目标都需要从自己的实际需求和实际情况出发，制定适合自己的投资目标。

2.2 第二步：制定资产配置方案

有了清晰的目标之后就可以做资产配置了。资产配置并不是简单地买什么和买多少，而是在理财目标的指引下对家庭资产做出合理的规划布局，使其既能获得理想收益，又能具备一定的风险防御能力。

2.2.1 家庭资产配置的解读

实际上，真正的资产配置是根据自身的需求，把资金在不同理财产品类别之间进行分配，即确定具体的证券种类和投资比例。

投资者在做家庭资产配置时，既需要保障，即便投资遭受一定程度的损失，家庭正常生活不受影响，也需要考虑不同证券种类的收益差异和风险差异。根据投资者资金需求情况，一般性的配置计划如下：

①如果中短期没有大额支出，可以考虑股票、基金等理财产品，做长期投资打算。

②如果中短期有大额支出，则应考虑一些低风险的理财产品，例如固定收益类理财产品。

③完成资产配置后并不意味着结束，还需要根据市场行情变化、家庭收入变化及家庭需求变化等来调整资产配置的重心。

此外，家庭资产在配置时应遵循以下分配原则：

- **投资总额方面：**量入为出原则。
- **投资品种方面：**投资组合多样性原则。
- **投资预期效果方面：**注意整体投资收益的原则。

每一个家庭的情况不同，资产配置的比例也就不同。通常风险承受能力低的家庭，低风险或中风险的理财产品资产配置比例高，高风险的理财产品资产配置比例低，或者是没有；风险承受能力高的家庭，或者是投资经验比较丰富的家庭，低风险理财产品资产配置比例低或者是没有，中风险理财产品资产配置比例低，高风险理财产品资产配置比例较高。

不管是哪一种资产配置，都必须符合自身的实际情况，包括家庭经济情况和投资特点等，且不可盲目追踪他人的资产配置来搭建自己的投资组合。

2.2.2 投资品种选择和比例配置

我们知道不同的投资品种其具有的收益水平和风险是不同的，所以我们在做资产配置并选择证券品种时，要充分考虑其风险性，将其与我们的投资目标相结合，具体如下：

（1）教育和养老

如果家庭的投资目标是积累孩子教育金或者是准备养老金，这一类长期性的投资目标，则应该考虑基金定投（指数基金或股票基金）或是理财保险。这类理财产品更适合长线投资，短时间操作很难获得满意的收益，比较适合子女教育或养老规划这类长期投资目标。

（2）日常生活开销

如果家庭的理财目标为应对日常生活开销，则为短期理财，通常为家庭日常的生活费理财，短期内可能会用到，闲置又会造成损失。针对这样的投资目标可以考虑配置银行储蓄、货币基金类的理财产品，流动性高，方便及时提现。

（3）保值增值

如果家庭的理财目标为保值增值，则说明投资者想要在资产保值的基础上实现一定程度的增值，能够承受的风险性较低。此时，可以考虑配置保险、基金（混合型基金及债券基金等）、债券及黄金等理财产品，收益更稳定，风险相对较低。

（4）博取高回报

如果家庭的理财目标为博取高回报，则说明投资者相较于风险更关注回报率。此时可以考虑配置一些高风险的理财产品，例如股票、股票型基金、期货和外汇等。

在比例配置方面，虽然每个人的投资风格不同，配置的比例不同，但是从投资期限来看，资产配置的比例应遵循金三角原则，如图 2–1 所示。

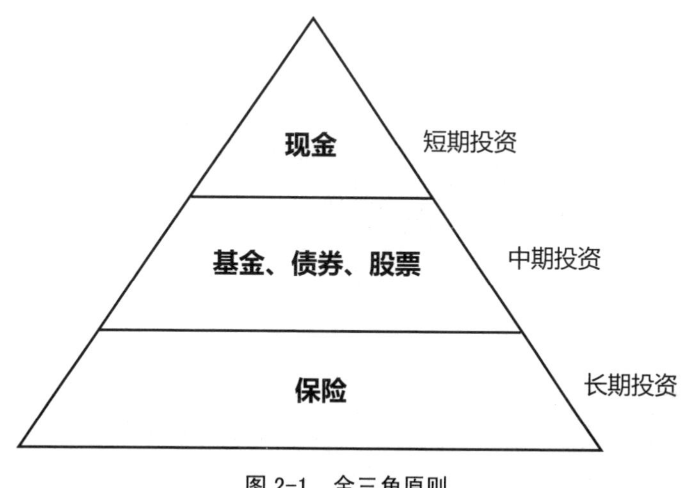

图 2–1　金三角原则

从图 2–1 中可以看到，期限越长的投资，投资比例越大；期限越短的投资，投资比例越小。这是因为，现金一类的投资风险小，收益更低，如果长期闲置的大额资金做短期理财，利用率太低。而保险这一类投资，周期性较长，例如养老金、教育金等，都需要大额长时间的积累，才能完成。

2.3　第三步：选择具体的投资标的

确定了具体的投资品种和各个品种的比例之后，还需要选择具体的投资标的。要知道，市面上的理财产品多如牛毛，质量参差不齐，如果不重视筛选，选到了劣质产品，很可能会给家庭带来重大的经济损失。

2.3.1 从公司实力角度筛选产品

从价值投资的角度来看，投资理财产品实际上是投资公司，看好公司未来的发展。如果一个公司的实力不强、经营不善，自然它的理财产品也不会有好的发展。

当然，投资者选择的理财产品销售渠道不同，公司实力的查看角度也不同。这里主要分为两类：一类是中介型公司，这种是不直接销售理财产品，仅作为第三方管理或经营理财产品，向投资者收取中介费的公司，包括基金公司、第三方交易平台等，面对这一类投资渠道时，投资者需要注意以下问题：

查看平台的资质。投资者应先查看平台网站的备案、域名合法等信息，确认该平台的合法性。

看平台评价。投资者可以查看平台在业内的口碑、荣誉、报道，以及在搜索引擎上的口碑，规避一些口碑不佳的平台。

看平台实力。平台的注册资本能够在一定程度上展现出一家公司的实力，像现在一些平台注册资金是上千万元的，但实缴却只有几十万元，这样的平台就要特别的谨慎和注意了。投资者应尽量选择注册资金实缴比较大的平台。

看管理团队。投资者还应该查看管理团队，尤其是基金投资，管理团队的好坏将直接影响基金的收益高低。在查看时，可以通过其历史表现情况来对其能力进行判断。

另一类则是直接销售自己公司产品的公司，例如保险公司、上市公司和企业债券发行公司等，面对这些公司时投资者应注意查看以下内容：

①查看公司影响力，是否为行业龙头企业。

②公司规模情况，大规模的公司更值得信赖。

③公司经营年限，公司具有较长的经营年限，说明综合实力较强，能够在激烈的竞争市场中获得一席之位。

④看股权结构，即公司前十大股东，如果股东中有实力强劲的机构介入，说明有大资金看好，后市发展可期。

⑤看主营业务，主营业务是公司主要获利来源，其利润多少，可以看出公司的实际经营情况。

这些信息都可以在各类企业信息查询平台获得，这里以天眼查为例进行介绍。

理财实例

天眼查平台查询公司信息

打开天眼查网站（https://www.tianyancha.com/），进入网站首页，在页面中的搜索文本框中输入需要查询的目标公司名称，在下方公司列表中选择需要查询的公司，如图 2-2 所示。

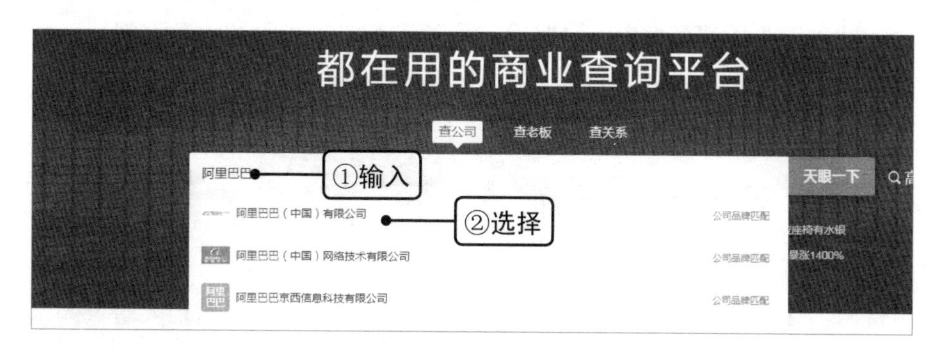

图 2-2 找到目标公司

随后页面跳转至查询结果页面，在该页面中可以看到目标企业的详细信息，包括公司背景、司法风险、经营风险、公司发展和经营状况等，且天眼平台也对该企业做了风险评估，提醒投资者，如图 2-3 所示。

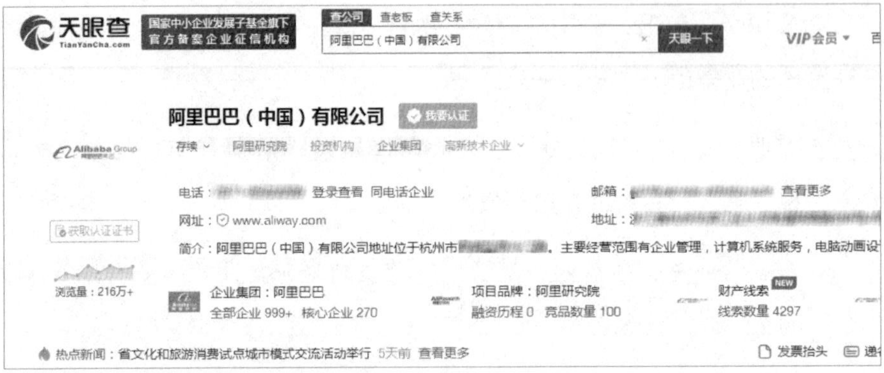

图 2-3　查询结果

当然除了上面介绍的大部分公司实力的查看方式之外，一些特殊的理财产品还需要另行查看，例如债券发行企业，需要查看公司的信用；保险公司需要查看公司的赔付充足率等。所以，投资者还需要结合理财产品本身来进行具体的查看分析。

2.3.2　从财务报表角度筛选产品

投资者选择一个投资产品时除了需要了解产品本身的收益情况，还要从长远的角度对企业的发展情况做进一步的考察，即查看该产品背后的企业财务状况是否良好。一个自身财务混乱、账目入不敷出的企业，推出的理财产品怎么能值得信赖和期待？

公司的财务报表主要是指年报或季度报表，包括资产负债表、现金流量表、利润表和所有者权益表。但是，我们知道这些报表中的数据内容非常丰富，投资者难以一一详细查看，所以可以对以下几个方面进行重点查看。

（1）查看企业财务结构是否合理

企业财务结构是指企业为了保证正常生产经营及其发展所筹资金的各组成部分之间的有机比例。如果企业财务结构不合理，则容易引发经营风险，进而影响企业正常运转。

分析企业的财务结构是否合理主要借助指标来具体分析，主要包括三项指标，即净资产比率、固定资产净值率及资本化比率。

◆ 净资产比率

净资产比率是股东权益总额与资产总额的比率，反映企业净资产在总资产中的占比情况，计算公式如下：

净资产比率＝股东权益总额 ÷ 总资产 ×100%

净资产比率主要反映企业的资金实力和偿债能力，净资产比率的高低与企业资金实力成正比，但净资产比率过高，则说明企业财务结构不尽合理，企业没有积极地通过杠杆作用来扩大经营规模。如果净资产比率过小，又表明企业过度负债，容易出现债务危机。因此，净资产指标应该在50%左右，但是一些大型的企业，指标参数标准可能会降低。

◆ 固定资产净值率

固定资产净值率指固定资产原价扣除其累计磨损额后的余额，即固定资产折余价值对固定资产原价的比率，计算公式如下：

固定资产净值率＝固定资产净值 ÷ 固定资产原值

固定资产净值率反映的是企业固定资产的新旧程度和生产能力，可以按每一项固定资产分别计算，也可以按某一类或全部固定资产分类或综合计算，以反映其平均新旧程度。磨损率越大，则净值率越小；磨损率越小，则净值率越大。净值率大而磨损率小，表明固定资产的技术状况较好，处于较新状态；反之，则表明固定资产较为陈旧，技术状况较差，有待维修和更新。

一般固定资产净值率应超过 75% 为好，该指标对于工业企业生产能力的评价有着十分重要的意义。

◆ 资本化比率

资本化比率，又称为长期负债股东权益比率，是从总体上判断企业债务状况的一个指标，它是长期负债与股东权益的比率，计算公式如下：

资本化比率 = 长期负债 ÷ 所有者权益合计 ×100%

资本化比率指标主要反映企业需要偿还长期负债占所有者权益的比重，指标值越小，表明公司负债的资本化程度越低，长期偿债压力小。反之，则表明公司负债的资本化程度高，长期偿债压力大。

因此，该指标不宜过高，一般应在 20% 以下。

（2）评估企业偿债能力的强弱

企业偿债能力指企业用其资产偿还长期债务与短期债务的能力。需要注意的是，企业有无支付现金的能力和偿还债务能力，是企业能否生存和健康发展的关键。

评估企业偿债能力的强弱需要从两个方面来进行分析，即企业的短期偿债能力和长期偿债能力。短期偿债能力主要是借助流动比率、速动比率等指标来完成；长期偿债能力则是通过资产负债率、利息保障倍数等指标实现。

◆ 流动比率

流动比率是流动资产对流动负债的比率，用来衡量企业流动资产在短期债务到期以前，可以变为现金用于偿还负债的能力，计算公式如下：

流动比率 = 流动资产 ÷ 流动负债

结合公式可以看出，流动比率越高说明企业资产的变现能力越强，相应地，企业的短期偿债能力越强。流动比率越低说明企业资产的变现能力越弱，相应地，企业的短期偿债能力越弱。

一般来看，该指标应保持在 2∶1 的水平。过高的流动比率说明企业的资金没有得到充分利用，而该比率过低，说明企业偿债的安全性较弱。

◆ 速动比率

速动比率是指企业速动资产与流动负债的比率，速动资产是企业的流动资产减去存货和预付费用后的余额，主要包括现金、短期投资、应收票据和应收账款等项目，计算公式如下：

速动比率 = 速动资产 ÷ 流动负债

速动资产 = 流动资产 − 存货

从上述公式中可以看出，速动比率反映的是企业流动资产可以立即用于偿还流动负债的能力。当速动比率≥ 1 时，企业被认为有足够的能力偿还短期负债。

◆ 资产负债率

资产负债率又称举债经营比率，它是用于衡量企业利用债权人提供资金进行经营活动的能力，通过将企业的负债总额与资产总额相比较得出，反映在企业全部资产中负债的占比。

资产负债率＝负债总额 ÷ 资产总额 ×100%

其中，负债总额指公司承担的各项负债的总和，包括流动负债和长期负债；资产总额指公司拥有的各项资产的总和，包括流动资产和长期资产。

资产负债率是评估企业负债水平的重要指标，一般来说，资产负债率越小说明企业的长期偿债能力就越强。但是，如果资产负债率过小则说明企业对财务杠杆利用不够。资产负债率的适宜水平是 40% ～ 60%。

◆ 利息保障倍数

利息保障倍数，又称已获利息倍数，是企业生产经营所获得的息税前利润与利息费用之比，计算公式如下：

利息保障倍数 = 息税前利润（EBIT）÷ 利息费用

息税前利润（EBIT)= 利润总额 + 财务费用

分子：息税前利润（EBIT）= 净销售额 − 营业费用

息税前利润（EBIT）= 销售收入总额 − 变动成本总额 − 固定经营成本

分母“利息费用”：我国会计实务中将利息费用计入财务费用，并不单独记录，所以作为外部使用者通常得不到准确的利息费用的数据，分析人员通常用财务费用代替利息费用进行计算，所以会存在误差。

利息保障倍数指标反映的是企业经营收益为所需支付的债务利息的多少倍，只要利息保障倍数大，企业就有充足的能力支付利息。但是如果利息保障倍数小，企业利息的支付就比较困难。因此可以看出，利息保障倍数不仅反映了企业获利能力的大小，也反映了获利能力对偿还到期债务的保障程度，是衡量企业长期偿债能力程度的重要指标。

想要维持一个正常的偿债能力，利息保障倍数应该大于 1，同时比值越高，说明该企业的长期偿债能力就越强。相对地，如果利息保障倍数过低，那么说明企业可能存在偿债危机，面临亏损，企业财务安全性下降。

（3）查看所有者权益

所有者权益是投资者对企业自有净资产的所有权，是企业维护投资人权益的保证。所以从投资的角度来看，所有者权益的规模和所有者权益比率越大越好。

◆ 实收资本收益率

实收资本收益率又称实收资本利润率，是企业净利润与实收资本的比率，是所有者投入企业的资本的获利能力，计算公式如下：

实收资本收益率 = 净利润 ÷ 实收资本 ×100%

实收资本收益率反映的是企业实际投入资本的获利能力，实收资本收益率越高，说明企业实际投入资本的获利能力越强；实收资本收益率越低，说明企业实际投入资本的获利能力越弱。

◆ 净资产收益率

净资产收益率，又称股东权益报酬率、净值报酬率、权益报酬率、权益利润率或净资产利润率，它是净利润与股东权益的百分比。计算公式如下：

净资产收益率 = 净利润 ÷ 净资产 ×100%

净利润 = 税后利润 + 利润分配

净资产 = 所有者权益 + 少数股东权益

净资产收益率反映的是股东权益的收益水平，从而评估公司运用自有资本的效率。净资产收益率指标值越高，说明投资带来的收益越高。

◆ 股东权益比率

股东权益比率，又称自有资本比率或净资产比率，它是股东权益与资产总额的比率，计算公式如下：

股东权益比率 = 股东权益总额 ÷ 资产总额

股东权益比率反映的是企业资产中所有者投入的占比情况，股东权益比率应该适中。如果股东权益比率过低，说明企业过度负债，会削弱公司抵御外部冲击的能力。股东权益比率过大，说明企业没有积极地利用财务杠杆作用来扩大经营规模。

理财实例

分析某科技股份有限公司财务报表

某科技股份有限公司是一家专业从事纳米级锂离子电池材料制备技术的开发，并生产和销售相关产品的上市科技公司。公司的核心产品纳米磷酸铁锂主要应用于新能源汽车、储能系统供应的核心关键原料，属于高新技术企业。

随着国家对高新技术企业扶持力度的加大，高新技术企业也迎来了高速发展的春天。但是，除了政策支持之外，投资者还应查看企业本身的经营情况，即通过分析财务报表来看该企业是否值得投资。

表 2-1 所示为该科技公司季度资产负债表摘要。

表 2-1　资产负债表摘要　　（单位：元）

指　　标	2021-3-31	2020-12-31	2020-9-30	2020-6-30
资产总额	41.5125 亿	37.8205 亿	21.0136 亿	19.2121 亿
货币资金	3.1655 亿	11.6922 亿	1.354 亿	1.7954 亿
应收票据	—	—	—	—
应收账款	3.1325 亿	2.6091 亿	1.9121 亿	1.728 亿
预付账款	9 630.2236 万	6 415.5327 万	818.7692 万	363.4266 万
其他应收款	1 723.6509 万	677.3389 万	750.2525 万	2 493.4384 万
存货	5.1484 亿	2.5016 亿	1.8801 亿	1.9721 亿
流动资产总额	20.6936 亿	20.155 亿	7.31 亿	8.6375 亿
固定资产	10.1797 亿	7.1837 亿	3.1287 亿	3.0893 亿

续表 （单位：元）

指　　标	2021-3-31	2020-12-31	2020-9-30	2020-6-30
负债总额	18.9852亿	15.9107亿	10.6753亿	9.1054亿
应付票据	5.6524亿	5.2995亿	3.9288亿	2.2743亿
应付账款	4.7307亿	4.4443亿	1.3854亿	2.2378亿
预收账款	—	—	—	—
合同负债	1.1089亿	1.0625亿	1.3171亿	1.3186亿
流动负债	16.0587亿	14.8957亿	9.9353亿	8.3428亿
非流动负债	2.9265亿	1.0149亿	7 399.4595万	7 625.2693万
未分配利润	4.0559亿	3.549亿	3.7211亿	3.7656亿
盈余公积金	1 612.615万	1 612.615万	1 612.615万	1 612.615万
母公司股东权益	21.6745亿	21.0888亿	9.4918亿	9.4829亿
股东权益合计	22.5273亿	21.9098亿	10.3384亿	10.1068亿

①财务结构分析

公司净资产比率计算如下：

2021-3-31：22.5273÷41.5125 ≈ 54%

2020-12-31：21.9098÷37.8205 ≈ 58%

2020-9-30：10.3384÷21.0136 ≈ 49%

2020-6-30：10.1068÷19.2121 ≈ 53%

从计算结果可以看出，该公司的净资产比率虽然出现一定幅度的波动，但基本保持在50%左右，既没有过高，也没有过低，说明该企业的财务结构合理，但没有积极地通过杠杆作用来扩大经营规模。

②企业偿债能力分析

公司流动比率计算如下：

2021-3-31：20.6936÷16.0587 ≈ 1.29

2020－12－31：20.155 ÷ 14.8957 ≈ 1.35

2020－9－30：7.31 ÷ 9.9353 ≈ 0.74

2020－6－30：8.6375 ÷ 8.3428 ≈ 1.04

从流动比率来看，从 2020 年 6 月到 2021 年 3 月分别为 1.04、0.74、1.35、1.29，相对来说还是比较稳健的，只有 2020 年 9 月略有降低。2021 年 3 月的流动比率说明企业 1 元的流动负债大约有 1.29 元的流动资产做保障，说明企业的短期偿债能力比较平稳。

速动比率计算如下：

2021－3－31：（20.6936－5.1484）÷ 16.0587 ≈ 0.97

2020－12－31：（20.155－2.5016）÷ 14.8957 ≈ 1.19

2020－9－30：（7.31－1.8801）÷ 9.9353 ≈ 0.55

2020－6－30：（8.6375－1.9721）÷ 8.3428 ≈ 0.80

从速动比率的计算结果来看，该企业的速动比率波动变化较大，2020 年 12 月速动比率达到最大值 1.19，2021 年 3 月速动比率下跌至 0.97，说明每 1 元的流动负债只有 0.97 元的资产做保障，企业短期偿债能力减弱。

资产负债率计算如下：

2021－3－31：18.9852 ÷ 41.5125 ≈ 45.73%

2020－12－31：15.9107 ÷ 37.8205 ≈ 42.06%

2020－9－30：10.6753 ÷ 21.0136 ≈ 50.80%

2020－6－30：9.1054 ÷ 19.2121 ≈ 47.39%

从该公司的资产负债率来看，该企业的资产负债率大体上表现稳定，保持在 40% ~ 50%，说明企业比较注重自身的资本结构，以降低负债带来的风险，是比较适合的范围。

③所有者权益分析

股东权益比率计算如下：

2021－3－31：22.5273 ÷ 41.5125 ≈ 54.27%

2020－12－31：21.9098 ÷ 37.8205 ≈ 57.93%

2020-9-30：10.3384 ÷ 21.0136 ≈ 49.20%

2020-6-30：10.1068 ÷ 19.2121 ≈ 52.61%

从股东权益比率的计算结果来看，该公司的股东权益比率在50%左右波动，最高不超过60%，说明企业自有资本比率较高，企业没有积极地利用财务杠杆作用来扩大经营规模，结构比较合理。

从财务分析的整体来看，该公司的财务情况良好、结构合理，具有较强的偿债能力，经营情况良好、实力强劲，具有投资潜力。

投资者在对企业的财务报表进行财务结构分析、偿债能力分析和所有者权益分析之后，就能够从财务的角度对公司真实的财务情况有一个大致的判断，从而得出是否具有投资价值的决策。

2.3.3 根据过往表现来选择

投资者在市面上选择购买的理财产品很多都不是新成立的，而是成立多年的。对于这一类的理财产品，投资者在实际筛选时可以根据其过往表现情况来进行判断。

以基金为例，除了刚成立的新基金之外，大部分的基金都有历史业绩，投资者可以根据其历史业绩走势来进行选择。图2-4所示为汇添富中证新能源汽车A基金的累计收益率走势。

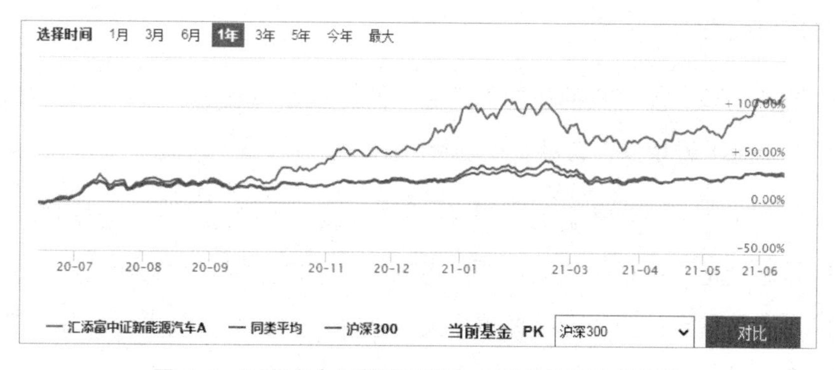

图2-4　汇添富中证新能源汽车A基金的累计收益率

在基金的累计收益走势图中可以看到三种颜色的走势线，分别是基金业绩走势线、同类基金业绩均值走势线和沪深300指数走势线。当基金业绩走势线超出另外两条走势线向上运行时，说明该基金过往业绩表现优秀，超出同类基金和大盘指数，反之则说明该基金过往业绩不佳。

仔细查看业绩走势可以发现，投资者可以自由筛选基金的业绩时间，默认情况通常显示的是1月的业绩走势。但是，投资者查看基金业绩走势时不能只看短期，而应该查看一年内或者是几年的基金业绩表现。如果某只基金能够长期保持优秀的业绩走势，则说明该基金比较稳定，具有较大的投资价值。

但是，也有很多人对“历史业绩”持怀疑态度，认为历史业绩不代表未来业绩，没有参考意义，事实真的如此吗？

尽管历史业绩不代表未来业绩，但是一只历史业绩表现优秀的基金相比历史业绩表现不佳的基金更有投资价值，具体来看，主要存在以下几个原因：

①从概率来看，历史业绩表现良好的基金相比历史业绩表现不佳的基金在未来继续走好的概率更高一些。

②从基金的历史业绩情况可以分析判断出基金经理的管理水平，从而筛选出更优秀的基金经理。

③如果基金能够长期在同类基金中保持较好的业绩水平，说明该基金在同类基金中表现良好，具有投资价值。

综上所述，虽然基金历史业绩并不代表未来的收益情况，但却是我们判断该基金是否值得投资的重要参考依据，所以投资者在实际投资筛选基金时可以从基金的历史业绩角度出发，选择一只长期业绩表现优异、稳定的基金。

2.3.4 选择的核心在于分散

投资者建立投资组合的目的在于分散风险，而在实际的理财产品筛选中，为了能够达到分散的目的，投资者要注意将资金分散到不同的产品中，这里的分散包括以下四个层次：

（1）投资对象分散

投资对象分散是指要将资金分散在不同理财产品类型上，而非同一类理财的不同产品的分散。例如，投资者可以用部分资金投资股票、部分资金购买债券，部分资金购买基金。这样分散开来可以避免某一类理财产品出现问题时影响整体投资。

（2）投资行业分散

投资行业分散是指投资者在考虑行业对象上，应避免将资金集中在同一个行业上，而应该将资金分散投资在各类行业中。同时，在购买同一行业的产品时，也应该分散购买不同的企业，避免购买同一家公司的产品。这样可以避免某一行业出现经济下滑，或是某一家公司出现亏损，从而影响整体投资。

（3）投资时间分散

我们知道不同的理财产品有不同的理财期限，例如债券有持有期限规定，基金有封闭期，定期存款有时间期限等，如果投资者不注意投资时间的分散，很有可能使自己的资金流动出现问题，从而影响整体投资。因此，我们在分散投资之前应该考虑不同理财产品的期限，并将其分散开来。

（4）投资地域分散

地域分散是指投资者投资时要考虑不同的地区，尽量避免购买同一地区的产品，而应购买国内外各个地区的产品。这样可以避免由于某一地区出现政治、经济的政策变化而影响整体投资。

总的来说，组合投资就是从安全性和收益性两个角度出发，将风险资产和低风险资产进行组合，想要保障安全性就组合低风险资产，想要高收益就组合风险资产。而具体的组合则是将资金分散开来，由两个或两个以上相关性较差的产品进行组合，这样得到的风险回报会大于单一资产的风险回报。

2.4 第四步：对投资组合进行修正

随着时间的推移，我们前期组建的投资组合随着市场变化而不断发生变化，很可能投资组合已经不再是最优组合了。为了应对投资组合的变化，投资者需要对当前的投资组合进行修正。

2.4.1 投资组合调整修正注意事项

大部分投资者修正投资组合主要基于以下两种情况：

①随着市场的波动变化，投资组合的资产配置情况与自己的投资目标和风险承受能力不符合，进而导致修正。有可能是投资者的投资目标改变了，例如之前为稳健型投资者做了稳健型的投资组合，但因为当前市场行情较好，所以投资目标改变了，转为积极型投资者，所以需要相应调整投资组合。对于这一类投资者，在调整之前应审视自己的投资目标、风险承受能力和当前投资组合的资产配置情况，然后依此判断是否需要调整及如何调整。

②由于持有一段时间，投资者发现组合中的部分产品业绩表现情况不佳，与自己的预期存在较大差异，所以需要调整更换。这里需要注意两点：一是产品短期内存在波动很正常，投资者不应过于注重短期表现，而应该以长时间的回报作为依据；二是修正时，投资者不能简单地将表现

不佳的产品资产转移到表现好的产品上，应该要看其实际价值与价格的差异。

在对投资组合进行调整时应注意以下几点，如表 2-2 所示。

表 2-2　调整组合要点

要　点	说　明
调整频率不要过高	调整投资组合的频率不要过高，因为理财产品短期内下跌调整是正常现象，频繁地调整修正组合，不仅不会降低投资风险，还会增加投资成本
目标改变组合对应改变	如果投资者的投资目标改变，各类投资产品的资产配置与自己的投资目标不匹配，则应该对应地尽快改变自己的投资组合
掌握调整技巧	调整投资组合时要掌握一定的技巧，减少频繁操作。例如，如果投资者的调整并不是很急切，则可以通过配置将来的新增资金以达到调整的目的
选好替代品	面对一些表现不佳的产品，在调整卖出时应提前筛选出优质的产品来替代。需要注意的是，优质的产品并不是单纯指其历史业绩表现优异，需要结合各个方面来综合判断
考虑调整成本	投资者调整投资组合意味着需要对部分投资产品进行买进卖出操作，这就牵涉到服务费、税费等问题

总的来看，在投资过程中进行组合投资是为了更好地防范投资风险，而进行投资组合的调整是为了及时适应投资需求的变化与市场的变化。所以，投资组合的修正调整需要投资者结合实际投资情况，认真分析，才能搭建出真正适合的投资组合。

2.4.2　以不变应万变，买入持有法

买入持有法可以说是最简单的一种投资组合调整方法，也是操作最少的一种调整方法，因为它就是通过以不变应万变的方法来应对投资组合的变化。

买入持有法是指投资者在组合搭建初期，确定风险性投资与固定收益类投资的比例。其中，风险性投资指风险较高、收益波动变化较大的股票等投资；固定收益类投资指风险较低、收益比较稳定的债券和存款等具有保护性质的投资。然后，无论市场中的资产价格如何变化都不对其做任何的调整，是一种被动的投资组合调整方法。

图 2-5 所示为买入持有法示意。

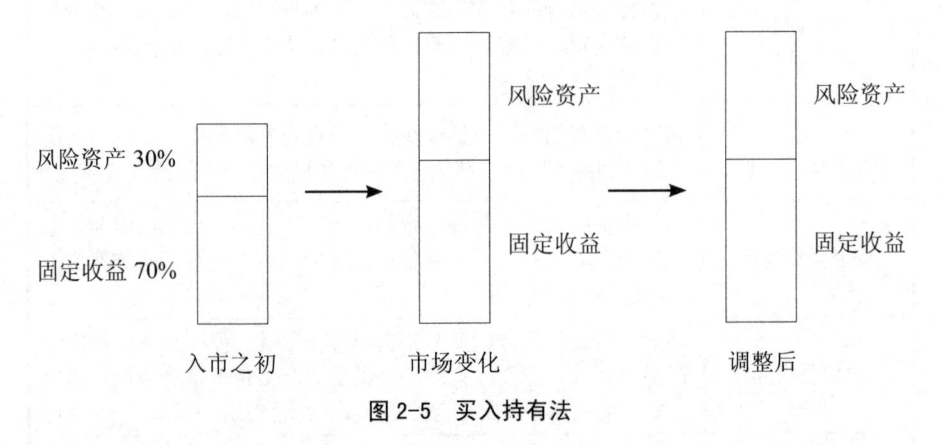

图 2-5　买入持有法

从图 2-5 中可以看到，某投资者在入市之初风险资产与固定收益以 3∶7 的比例投入，经过市场一段时间的变化发展，风险资产和固定收益资产的投资比例与入市之初产生了差异。但是，此时投资者并未做任何干预，而是以被动的方式任其发展，所以调整后的比例与市场变化中的比例一致。

这样的方法虽然简单，但投资者的投资风险也会随着资产规模增加而增加，随着资产规模的减少而减少。在该方法下，投资组合具有以下特点：

- 投资组合的投资收益最低为固定收益资产产生的价值。
- 投资组合的收益受风险资产影响较大，当市场良好，股价上扬时，投资组合的获利空间较大；当股价下跌，投资者的风险投资资产减少。

2.4.3 固定比例修正法

固定比例修正法是针对一些采用固定比例投资的修正方法。投资者在投资组合构建之初确定了风险投资资产与固定收益类投资资产的比例，但随着市场的波动变化，两类投资的资金比例也发生了变化，为了使固定投资的比例不变，那么投资组合的比例也要对应改变。

图 2-6 所示为固定比例修正法示意。

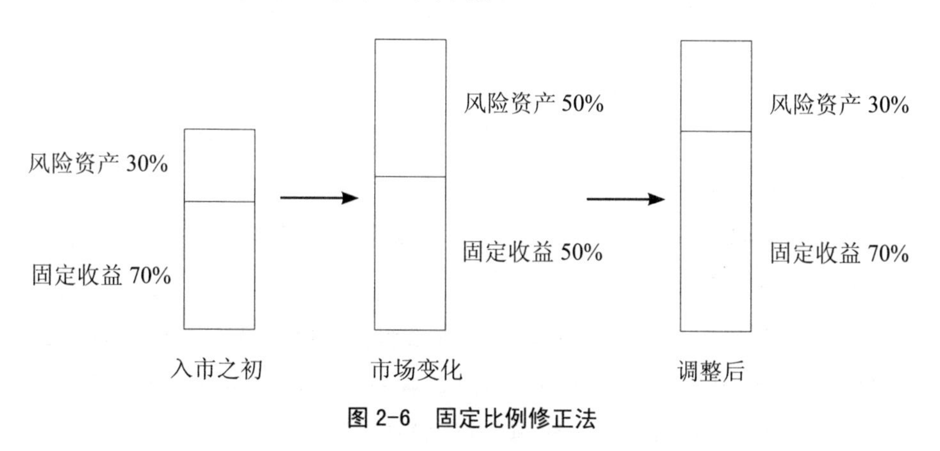

图 2-6 固定比例修正法

从图 2-6 中可以看到，某投资者在入市之初风险投资资产与固定收益投资以 3∶7 的比例投入，经过市场一段时间的变化发展，风险资产和固定收益资产的投资比例与入市之初产生了差异，形成了 5∶5 的比例。随后，投资者按照入市之初的固定比例对其进行调整，使得调整后的风险资产和固定收益资产的投资比例仍然为 3∶7。

根据其固定比例的特点，固定比例修正法具有以下特点：

①投资者承受的风险是固定的，不会随着资产规模变化而变化。

②当市场良好时，投资组合中的资产价值随着股价的上扬而增加，则更多的股票转变为债券，因此总资产价值增加速率随着股价增加而降低；当市场熊市，股价下跌，投资组合中的资产价值随股价下跌而减少，则更

多的债券转为股票，所以总资产价值降低速率随着股价降低而增加。

③股价上扬时，投资组合的获利空间为无限；股价下跌时，投资组合的价值随之减少。

④投资组合的资产价值会随着股价下跌减值而逐渐趋于零。

理财实例

固定比例修正法实例分析

某投资者现有资金10 000.00元，按照“固定比例法”进行投资，以6∶4的比例构建一个投资组合，保护性部分投资占比60%，风险性部分投资占比40%。于是，该投资者将6 000.00元投资于债券，4 000.00元投资于股票。

随后，再根据股票价值的变化对投资组合进行调整，使两部分投资的比例始终保持既定的比例。

如果一年后，投资者发现股票上涨20%，此时股票部分的金额为：4 000.00+4 000.00×20%=4 800.00（元），破坏了原本6∶4的比例。所以，此时要进行修正，将升值部分的800.00元按照6∶4的比例进行分配，即卖出价值480.00元股票，再投资于债券，使得两部分的比例重新恢复到6∶4的水平。

如果一年后，投资者发现股票下跌20%，此时股票部分的金额为：4 000.00−4 000.00×20%=3 200.00（元），破坏了原本6∶4的比例。所以，此时要进行修正，卖出480.00元的债券，再投资于股票，使两部分的比例重新恢复到6∶4的水平。

因为股市永远处于波动变化中，这就意味着我们制定的固定比例几乎难以保持固定，那么是否要随着股市的变化而时时调整我们的投资比例呢？

当然不是，通常来说，每隔三个月或半年调整一次投资组合的比例是比较合理的。如果调整过于频繁，不仅会增加投资的难度，还会增加投资的成本，而如果调整间隔时间过长，又难以达到固定比例投资分散投资风险的目的。

2.4.4 固定比例投资组合保险策略

固定比例投资组合保险策略法是一种将投资组合中的大部分资产投资于无风险的持有到期的固定收益组合，然后将无风险部分投资的确定利息按照一定的比例放大后投入风险较高的投资品种中，获取更高的增强收益。在一定的风险控制下，能够以较大的概率保证高风险投资可能的损失不会超过利息收入，从而达到“保证本金安全”目标的同时，还能获得一定的超额收益。

整个投资组合将资产分为主动性资产和保留性资产，两类资产中风险较高且预期回报较高的主动性资产通常指股票；保留性资产指风险较低且回报较低的资产。

固定比例投资组合保险策略的理论构架的公式如下：

$$At=Dt+Et$$

$$Et=\min[M(At-Ft),\ At]$$

其中，Et 表示 t 期投资于主动性资产的仓位（Exposure），也称为风险暴露，M 为风险乘数（Mutiplier），且一般 $M>1$，At 代表 t 期资产总值（Asset），Ft 为 t 期最低保险金额（Floor），而（At−Ft）为 Ct，指 t 期的缓冲头寸（Cushion）。

在实际的固定比例投资组合保险策略中，投资者需要先确定乘数 M 和要保金额，再将要保金额值的现值投资于无风险资产，剩余的金额投资于风险资产。

理财实例

固定比例投资组合保险法运用

某投资者计划将50.00万元资金做投资组合，为了降低投资风险，投资者决定以固定比例投资组合保险法进行投资。

首先，投资者确定在其投资组合中能够承受的最高损失为10.00万元，也就是最低保险金额为40.00万元，乘数大小为2。所以按照固定比例投资组合保险法，投资者风险资产价值与无风险投资的资产价值如下：

风险资产价值 =（50.00−40.00）×2=20.00（万元）

无风险投资资产价值 =50.00−20.00=30.00（万元）

经过一段时间的投资，股价下跌，该投资者的风险资产价值从100%跌至80%，此时投资者决定对该投资组合进行调整，调整后的风险资产价值与无风险投资的资产价值如下：

风险价值从100%跌至80%，此时风险资产价值为：

20.00×80%=16.00（万元）

此时，投资者的投资总资产为：

16.00+30.00=46.00（万元）

根据固定比例投资组合保险法调整如下：

风险资产价值 =（46.00−40.00）×2=12.00（万元）

无风险资产价值 =46.00−12.00=34.00（万元）

所以，该投资者应在风险资产组合仓位中减仓4.00（16.00−12.00）万元，才能保证要保的40.00万元金额不受到任何损害。

第3章

常见家庭投资组合策略全知道

投资组合策略是指家庭投资者根据自己的投资理念制定的符合市场和自己投资目标的投资对象和操作方法的组合。所以，在不同的投资组合策略指导下，投资者搭建的投资组合往往也不同。

3.1 满足基本生活需求的固定收益组合

固定收益投资是指预先规定应得的投资收入，按期支付，且收益在整个投资期内波动幅度较小或不变。因为这类投资的收益较低且固定，但风险较小，所以对于一些有投资需求，但是又厌恶投资风险的投资者来说，非常适合，其收益可以补贴日常生活。

3.1.1 固定收益证券投资品种

固定收益投资，从字面上来理解，就是收益比较固定的投资产品。市面上的固定收益投资工具种类有很多，具体如表 3-1 所示。

表 3-1 固定收益类投资工具

名　称	内　容
储蓄存款	储蓄存款指投资者将资金存入储蓄机构（银行），储蓄机构开具存折或者存单作为凭证，个人凭存折或存单可以支取存款的本金和利息，储蓄机构依照规定支付存款本金和利息的活动
商业票据	商业票据指由金融公司或某些信用较高的企业开出的无担保短期票据。商业票据的可靠程度依赖于发行企业的信用程度，可以背书转让，可以承兑，也可以贴现。商业票据的期限在一年以下，由于其风险较大，所以利率高于同期银行存款利率，商业票据可以由企业直接发售，也可以由经销商代为发售
大额可转让定期存单	大额可转让定期存单也称为大额可转让存款证，是银行印发的一种定期存款凭证，凭证上印有一定的票面金额、存入和到期日及利率，到期后可按票面金额和规定利率提取全部本利，逾期存款不计息。大额可转让定期存单可以流通转让、自由买卖

续表

名　　称	内　　容
债券	债券是政府、金融机构或者企业等直接向社会借债筹借资金时，向投资者发行，同时承诺按一定利率支付利息并按约定条件偿还本金的债权债务凭证。债券的本质是债的证明书，具有法律效力。债券购买者或投资者与发行者之间是一种债权债务关系，债券发行人即债务人，投资者（债券购买者）即债权人
货币基金	货币基金是聚集社会闲散资金，由基金管理人运作，基金托管人保管资金的一种开放式基金，主要投资于风险小的货币市场工具，所以其收益比较稳定
债券基金	债券基金指专门投资于债券的基金，它通过集中众多投资者的资金，对债券进行组合投资。因为投资对象大部分为债券，所以收益比较稳定

通过上述固定收益类投资工具品种介绍，可以看到固定收益类的投资工具通常具有以下特点：

①收益相对固定或收益浮动变化较小。

②投资的风险较小。

③投资安全性较高。

④变现较容易。

⑤偿还期固定。

3.1.2 固定收益类投资的收益计算

通过前面的介绍我们知道，固定收益类的投资品种比较多，其中大部分投资者接触最多的是储蓄存款、债券投资和基金投资，下面介绍它们的收益计算方法。

（1）储蓄存款的收益计算

储蓄存款是最传统的一种理财方式，储户将资金存入银行，银行根据资金存入的时间和存款利率计算利息，储户可以获得利息收益。存款利息的计算公式如下：

存款利息＝本金 × 利率 × 存款期限

从储蓄的灵活程度来进行划分，储蓄存款可以分为活期存款和定期存款两类。

◆ 活期存款

活期存款是指1元起存，储户可以随存随取的银行存款，且没有存期限制。但是，因为活期存款非常灵活，没有时间限制，所以其利率较低，目前活期储蓄基准年利率为0.35%，不同的银行会在基准利率的基础上出现上下调整的可能性，但波动的幅度不大。

投资者在计算活期存款的收益时要注意以下几点利息计算规则：

①银行活期存款利息是按存款的天数来计算的，目前银行的活期存款通常是按季度结息，每季末月的20日为结息日，21日为实际计付利息日，也就是说，大部分银行的实际计付利息日期分别是3月21日、6月21日、9月21日和12月21日。结息之后，上一期所获得的利息会自动进入下一期本金，开始以复利的方式来计算利息。

②因为活期储蓄的时间期限不同，银行在计算利息时会将年利率换算成月利率和日利率，换算公式为：月利率（‰）＝年利率（%）÷12；日利率（‱）＝年利率（%）÷360。其中，年利率除以360换算成日利率，而不是除以365或闰年实际天数366，因为活期储蓄存款一年分为12个月，每月按照30天来计算利息。

③银行计息按照每日的晚上12点结算时账户上的余额进行计算，如果储蓄在早上存入，晚上12点之前取出是不计算利息的。

理财实例

银行活期存款利息计算

王女士有一张活期储蓄卡，每月会定期转入当月工资，表3-2所示为王女士2021年第一季度银行卡的变化情况，如果活期储蓄年利率为0.3%，那么王女士一季度可以获得的利息收入为4.67元。

表3-2 固定收益类投资工具

日期	存入（元）	支取（元）	余额（元）	计息期	天数
1月5日	5 000.00		5 000.00	1月5日～1月19日	15
1月20日		1 000.00	4 000.00	1月20日～2月4日	16
2月5日	5 000.00		9 000.00	2月5日～2月9日	5
2月10日		1 200.00	7 800.00	2月10日～3月4日	23
3月5日	5 000.00		12 800.00	3月5日～3月15日	11
3月16日		1 500.00	11 300.00	3月16日～3月20日	5
3月20日			11 300.00		

累计各个阶段的活期储蓄收益如下：

5 000.00×15×（0.3%÷360）+4 000.00×16×（0.3%÷360）+9 000.00×5×（0.3%÷360）+7 800.00×23×（0.3%÷360）+12 800.00×11×（0.3%÷360）+11 300.00×5×（0.3%÷360）=4.67（元）

◆ 定期存款

定期存款指储户事先与银行约定存款期限和利率，到期后储户一次性支取本息的一种存款方式。因为定期存款有“定期”限制，所以定期存款的利率高于活期存款利率，且定期的期限越长，利率就越高。

但是储户也可能出现违约情况，主要包括以下两种：

提前取出。如果存款人提前到银行支取定期存款，则按照活期存款利率计算存款利息。

延期取出。如果存款人逾期到银行支取，逾期部分的利息计算则按照支取日的活期存款利率进行计算。储户在存入定期存款时，可以自行选择“到期是否转存”。如果储户选择了自动转存，那么银行会将到期的存款本息按照相同的存期一并转存，且不受到次数的限制，续存期利息按前期到期日利率计算。续存后如果不足一个存期，储户要求提前支取存款，那么续存期间按照支取日的活期利率计算该期利息。如果储蓄选择不自动转存，那么到期的定期存款如果储户不取出，就会变成活期。

理财实例

计算杨先生的定期存款利息

杨先生在2018年2月1日存入30 000.00元，定期3年，假设年利率为3.5%。杨先生如果在2021年4月4日取出，此时的利息计算如下：

计算时分为两个阶段，第一个阶段为3年定期阶段，利息计算如下：

30 000.00×3×3.5%=3 150.00（元）

第二阶段为2021年2月1日定期到期后转为活期储蓄（年利率为0.3%），至4月4日这一阶段的利息计算。

（30 000.00+3 150.00）×63×（0.3%÷360）=17.40（元）

所以，杨先生这一段时间的利息收益为3 167.40（元）。

此外，根据定期存款中存款和取款方式的不同，定期存款又分为不同的类型，具体如表3-3所示。

表 3-3　定期存款的类型

名　　称	说　　明
整存整取	整存整取是定期存款的基础类型，即储户在储蓄时与银行约定存期，一次性存入，到期之后再一次性支取本息的存款方式。以工商银行基准利率来看，整存整取的年利率分为 5 个档次：3 个月为 1.35%、半年为 1.55%、1 年为 1.75%、2 年为 2.25%，3 年或 5 年为 2.75%
零存整取	零存整取指储户在银行存款时约定存期、每月固定存款、到期一次支取本息的一种储蓄方式。零存整取一般每月 5 元起存，每月存入一次，中途如有漏存，应在次月补齐，只有一次补交机会。存期一般分 1 年、3 年和 5 年。零存整取最大的特点在于具有约束性、计划性和积累性，能够帮助强制储蓄
整存零取	整存零取指储户与银行约定一次性存入本金，然后固定期限内分次支取本金的一种存款方式。这类存款起存的金额为 1 000 元，支取通常分为 1 个月、3 个月及半年一次。这类存款比较适合养老，一次性存入，然后每月领取固定费用作为生活开支
存本取息	存本取息定期储蓄是指个人将自己的所有人民币一次性存入较大的金额，分次支取利息，到期支取本金的一种定期储蓄。5 000 元起存，存期分为 1 年、3 年、5 年

（2）债券投资的收益计算

票面利率是影响债券利息收益高低的关键。票面利率在债券发行之初就确定了，债券的利息收益公式如下：

债券利息收益（息票）= 票面利率 × 债券面值

从上述公式可以看出，决定债券利息收益高低的是票面利率，当票面利率越高，债券利息收益就越大，反之则越小。

例如，某投资者 2016 年 1 月 1 日以 99.00 元的价格购买了 50 000.00 元面值为 100.00 元、利率为 5.75% 的 5 年期国债。2021 年 1 月 1 日，一次还本付息，投资者持有该债券至到期日，计算利息收益如下：

50 000.00 × 5.75% × 5=14 375.00（元）

（3）基金的收益计算

固收类基金与储蓄存款、债券投资有所不同，它不是通过存款利率或票面利率来计算固定收益的，而之所以称货币基金、债券基金为固收类基金，是因为基金中配置了大量中长期债券、国债和银行定期等固定收益类的产品，所以它的收益相较于权益类基金更稳定，风险更低。

货币基金和债券基金的收益计算不同。货币基金的收益并不体现在单位净值变动上，其单位净值一直保持 1 元，基金收益根据每日基金收益公告，以每万份基金单位收益为基准，为投资者计算当日收益并进行分配。所以，货币基金的收益计算公式如下：

每万份基金单位收益 = 基金收益总额 ÷ 基金份额总数 ×10 000

货币基金的每万份基金单位收益越高，说明投资者每天可获得的实际收益则越高。因为货币基金的单位净值为 1 元，且没有手续费用，所以如果某货币基金某日每万份收益为 0.4432 时，则说明每一万份货币基金份额该日就能够获得 0.4432 元的收益。假设投资者买进 2 000.00 元的该货币基金，当日收益计算为：2 000.00÷10 000×0.4432=0.08864（元）。

债券基金则和股票基金、混合基金一样，通过基金单位净值的涨跌来体现收益，当基金的单位净值上涨时，投资者获得收益；当基金的单位净值下跌时，投资者遭受损失。因为债券基金属于固定收益类产品，风险较低，比较稳定，所以涨跌速度也比较慢，通常需要一两天或者好几天才能涨跌一点儿。

债券基金的预期收益计算方法如下：

债券基金预期收益 = 基金份额 ×（赎回日基金单位净值 – 申购日基金单位净值）– 赎回费用

基金份额 =（申购金额 − 申购金额 × 申购费率）÷ 当日基金单位净值

赎回费用 = 赎回份额 × 赎回当日基金单位净值 × 赎回费率

从上述公式可以得出债券基金的预期收益计算公式，具体如下：

债券基金预期收益 = 债券基金份额 × 债券基金净值差 − 债券基金赎回费用

理财实例

计算债券基金的投资收益

林先生买进 20 000.00 元债券基金，申购日基金净值为 2.0241 元，赎回日基金净值为 2.1451 元，债券型基金的申购费率为 0.8%，赎回费率 0.1%（持有 30 天以上）。此时，计算投资者购买债券基金的预期收益。

申购费用 =20 000.00 × 0.8%=160.00（元）

买入的基金份额 =（20 000.00−160.00）÷ 2.0241=9 801.8872

赎回费用 =9 801.8872 × 2.1451 × 0.1%=21.03（元）

债券基金预期收益 =9 801.8872 ×（2.1451−2.0241）−21.03=1 165.00（元）

3.2 追求长线投资收益的投资组合

追求长线投资收益的投资者是一种以时间换空间的投资策略，减少了频繁的操作，通过长时间的积累，以求收益的增加。

3.2.1 适合长期投资的品种

在做长线投资之前，投资者要明确长线投资具有的特点，具体内容如下：

①长线投资操作者需要具备坚持不懈的耐心和毅力。

②长线投资操作者需要忍受投资期间的价格波动变化。

③长线投资操作者需要放弃过程中可能出现的自认为比较有把握的一些投资机会。

④长线投资操作者需要长期保持冷静。

但是，并不是任何的投资工具都适合长线，适合长线投资的品种如下：

（1）股票投资

股票长线投资，实际上是一种价值投资策略，投资者以市场的整体估值和个股的投资价值作为评价标准进行投资，主要以基本面分析为主，不注重技术面。在个股价值被低估时买进，在个股价值被高估时卖出。

长线投资选股应注意以下三点。

①选择低价股，即股票现在表现一般，价格相对较低。需要注意的是，低价并不是指选择价格低的股票，而是要选择现在的价格和其历史价格相比处于一个较低位置的股票。下跌幅度足够大，后市上涨的空间更多，继续下跌的风险也更小。

②关注企业本身，如果企业所在行业未来发展比较看好，营利空间较大，后市股票上涨的可能性更大。

③关注企业盘面，如果企业盘面较大，则不易被较大资金左右而形成较大的波动。

（2）股票基金

股票基金指80%资金投资于股票的基金。因为股票基金的投资对象为股票，所以股票基金的单位净值波动幅度变化较大，短线操作者往往难以把握行情，而长线操作从概率上来看，投资的胜率要更大一些，且投资的周期越长，盈利面就越大。

（3）保险投资

除了前面介绍的股票和股票基金之外，还有一种投资工具也需要长线投资、长期坚持，那就是保险。

保险是指投保人根据合同约定，向保险人支付保险费，保险人对于合同约定的可能发生的事故，因其发生所造成的财产损失承担赔偿保险金责任，或者被保险人死亡、伤残、疾病或者达到合同约定的年龄、期限等条件时承担给付保险金责任的商业保险行为。保险是分摊意外事故损失的一种财务安排，也是家庭风险管理的一种方法。

从保险的时间来看，保险分为短期保险和长期保险。短期保险通常是指一年交费一次，保障期为一年的保险。而长期保险指交费时间为十几年甚至更长的，可以长期保障或终身保障的保险，例如养老保险、教育年金险。长期保险需要投资者长期坚持才能对家庭起到保障作用，如果中途停止交费将遭受经济损失，还会失去保障。

3.2.2 定投是长线投资比较好的策略

定投从字面上来理解就是定期定额投资，这是一种分批买进分摊成本的投资方法，避免买在高位，可以降低一次投入的投资风险，是一种比较有效的低风险投资方法，比较适合做长线投资的投资者。

根据定投的金额和时间的不同，定投分为定期定额和定期变额两种。

定期定额是定投中最常见的一种定投方式，指投资者在固定时间，扣款固定的金额买进即可。其中，扣款时间的间隔时间可以按月设置、按周设置或按天设置，分隔的时间越细，投资者的投资风险就越小。

定期定额投资主要具有以下几点优势：

①操作方法简单，不用多做思考，只要长期坚持，就能获得成功。

②定期定额避免了因为投资者个人因情绪波动带来的追涨杀跌。

③定期定额投资更适合熊长牛短的市场行情，这样一来，定投的投资者更容易在底部积累廉价筹码。

定期变额是指投资者在固定的时间投资，但投资的金额依照具体的情况做出变动。首先，变额可以根据自己的收入情况来做调整，当自己的收入出现明显的上涨，此时可以适当增加投资额度；当自己的收入出现下跌，可以适当减少投资额度。

其次，变额可以根据产品的实际走势来进行调整，当市场处于上涨行情时，投资者可以适当减少投资金额或不投资；当市场处于下跌行情时，为投资者的补仓机会，投资者应该适当加大投资的金额。

在上述两种定投方式中，第一种定投方式操作更简单，实用性更强；第二种定投方式对投资者的要求更高，需要投资者对当前的市场和未来的发展有比较准确的判断。

虽然定投在股票和基金中都可以操作，但是因为股票主动性更强，市面上的股票定投通常由投资者自己操作；而在基金定投中，为了辅助投资者，很多金融理财软件都提供了智能定投功能，可以自动动态调节投资者的定投额度，非常便捷。

智能定投是基金定投的升级，是针对不同投资者的需求与投资目标而设计开发的新一代定期理财方式，且如今市面上的大部分理财投资软件都能提供智能定投功能。

智能定投实际上是一种智能的投资方式，它通过参数的设置，系统自动调整定期投资的额度，降低投资风险，使投资更轻松。

目前，市面上的智能定投主要包括以下三种：

（1）估值策略

估值策略是指在追踪指数估值状态后不定期买入基金的策略，当指数处于低估值区间时自动买入基金，在基金处于非低估值区间时不买入，这样可以实现低位时加仓，摊低成本，高位时不买控制风险。

通常，高于指数历史整体估值70%分位的部分被称为高估值区间；在30%～70%的部分，被称为正常估值区间；低于30%的部分被称为低估值区间。

如果投资者定投扣款日的前一天指数估值为低估，则当期扣款；如果投资者定投扣款日的前一天指数估值为高估，则当期不扣款；如果投资者定投扣款日的前一天指数估值为正常估值，则当期不扣款。

这里的估值是指衡量指数价值高低的重要指标。估值策略运用指数的PE方式来衡量指数高低情况，单一指数的PE计算为其成分股票的总市值除以成分股近一年的归属公司的净利润。

以支付宝理财为例进行详细介绍。

理财实例

支付宝估值定投策略

支付宝推出“指数红绿灯”功能，将相关指数的成分股及股票的业绩快报、年报和市值规模数据等，经计算整理形成相关指数估值。当指示灯显示绿色时，说明指数处于低估值区间，可以买入持有；当指示灯显示黄色时，说明指数处于正常估值区间，可持续关注；当指示灯显示红色时，说明指数处于高估值区间，应立即卖出。

打开支付宝，进入理财－基金页面，在页面中点击“指数基金”按钮，进入指数基金页面，点击“指数红绿灯”按钮，如图 3-1 所示。

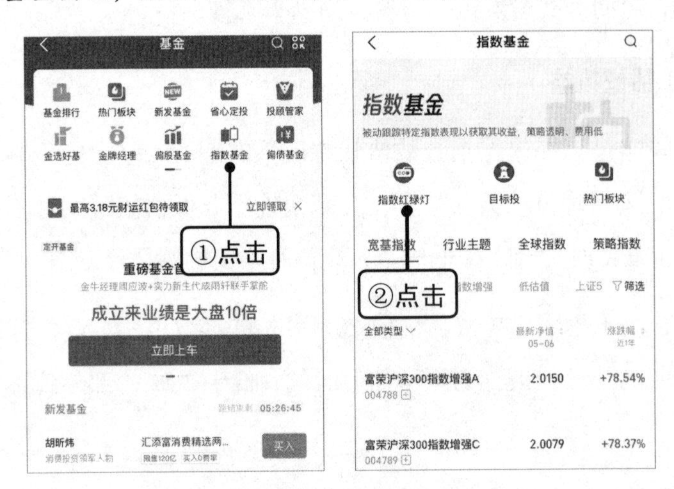

图 3-1　点击“指数红绿灯”按钮

进入指数红绿灯页面，页面下方列示了许多指数的红绿灯情况，投资者可以根据指示灯来进行筛选，选择适合的指数，这里选择“中证银行指数”选项，如图 3-2 所示。

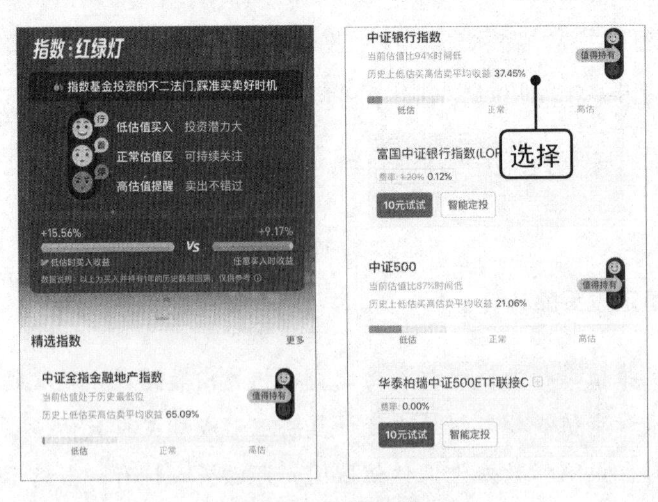

图 3-2　选择指数

进入指数详情页面，可以看到指数的介绍、指数的估值情况及指数的相关推荐基金，点击“估值走势”展开按钮，还可以看到指数估值走势情况，如图 3-3 所示。

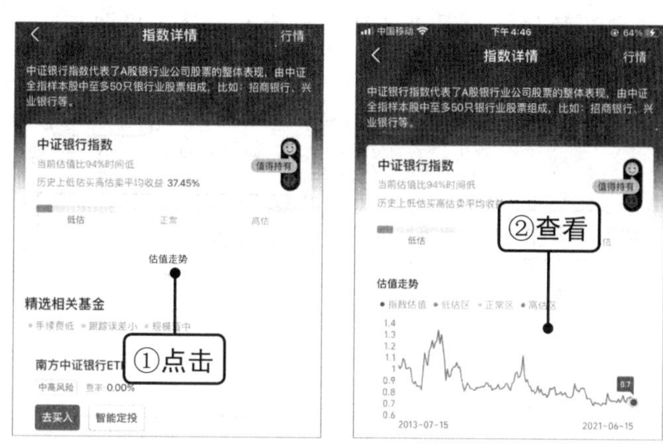

图 3-3　查看指数详情

在页面中点击右上角“行情”超链接，即可进一步查看该指数的 K 线走势并了解相关指数信息，如图 3-4 所示。

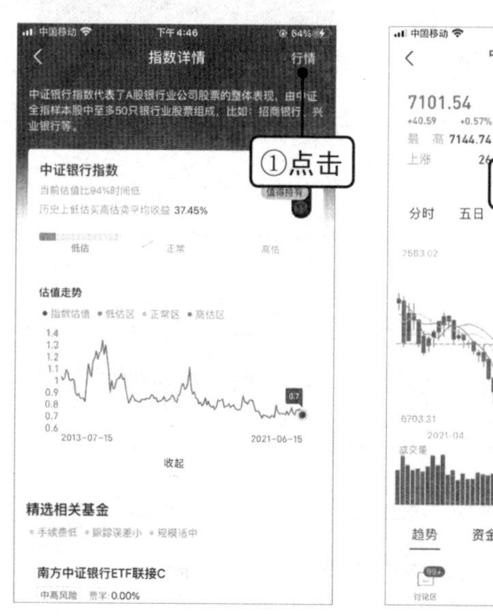

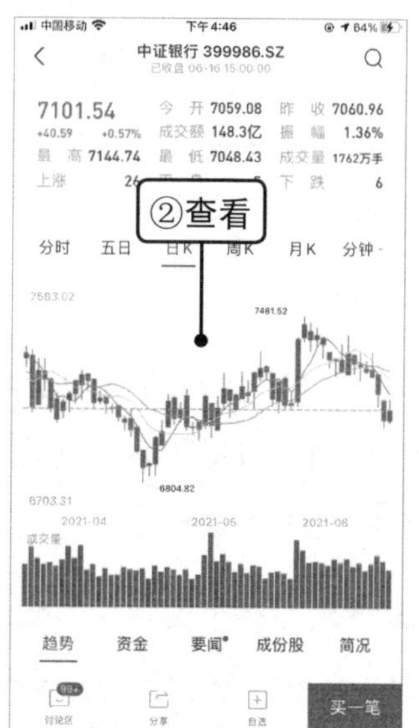

图 3-4　查看指数 K 线走势

确认指数详情信息之后，返回“指数详情”页面，点击指数基金“南方中证银行 ETF 联接 C”下方的“智能定投”按钮。进入定投页面，在页面中设置定投金额、付款方式和定投周期，确认智能定投模式为估值模式，然后点击“确定”按钮，如图 3-5 所示，输入支付密码即可。

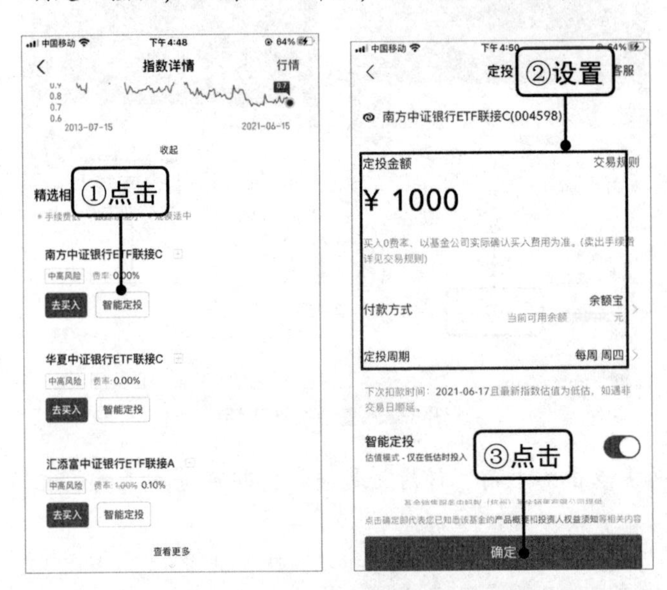

图 3-5　估值定投确定

后期每到定投扣款日，系统会自动根据估值情况来自动扣款，指数被低估自动扣款，指数被高估不扣款，等待下一次机会。

（2）均线策略

均线策略也称为均线偏离法，它是以均线作为基准，当指数低于均线时便加大定投额；当指数高于均线时少投。通过市场行情变化，灵活投入资金，从而摊低建仓成本。

均线策略是一种比较常见的智能定投模式，许多金融 App 都提供了这一功能，这里仍然以支付宝为例进行介绍。

理财实例

支付宝均线定投策略

打开支付宝，进入基金页面选择一只股票型基金，进入产品详情页面，点击“定投”按钮。进入定投页面，设置金额、付款方式和定投周期，并点击“智能定投”按钮，即可打开均线模式智能定投，最后点击“确定”按钮即可，如图 3-6 所示。

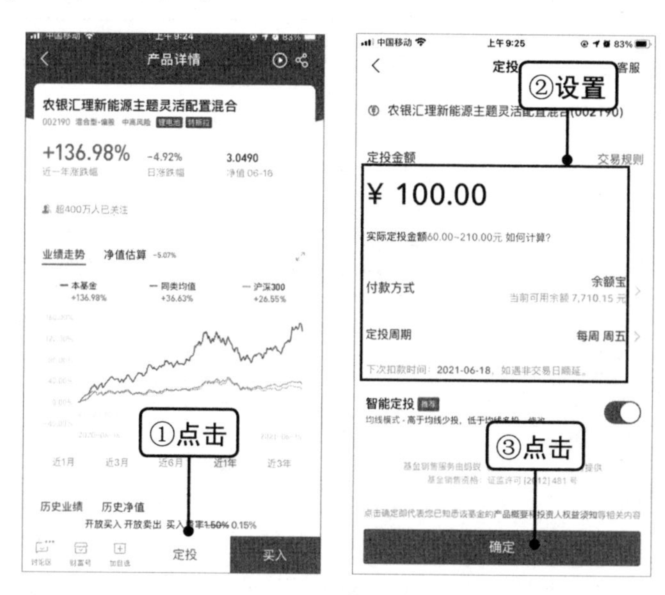

图 3-6 均线定投确定

支付宝均线定投是以指数 500 日均线为基准，投资者自行设置一个基础定投金额，然后系统按照当期扣款率计算实际定投的金额。实际定投金额的计算公式如下：

实际定投金额 = 基础定投金额 × 当期扣款率

其中，当期扣款率一般在 60% ～ 210%，具体扣款情况分为以下两种：

①如果前一日指数收盘价高于 500 日平均值时，采用高位少买策略，实际扣款情况如表 3-4 所示。

表 3-4　实际扣款率

前一日指数收盘价高于 500 日平均值	实际扣款率
0 ～ 15%	90%
15% ～ 50%	80%
50% ～ 100%	70%
100% 以上	60%

②如果投资者定投扣款日的前一天指数收盘价低于 500 日平均值，此时采用低位多买策略，实际扣款情况如表 3-5 所示。

表 3-5　实际扣款率

若前一日指数收盘价低于 500 日平均值	近 10 日振幅＞ 5% 实际扣款率	近 10 日振幅≤ 5% 实际扣款率
0 ～ 5%	60%	160%
5% ～ 10%	70%	170%
10% ～ 20%	80%	180%
20% ～ 30%	90%	190%
30% ～ 40%	100%	200%
40% 以上	110%	210%

（3）移动平均成本策略

移动平均成本策略是指当平均持有成本高于定投基金时，则加大投资金额；当平均持有成本低于定投基金时，则减少投资金额。

移动平均成本法是以投资者实际的投资金额作为跟踪目标，以实际基金净值作为标准，从而决定每期扣款额度。这种定投方式比较适合股票型基金，但是如果市场处于低位和高位盘整期时，波动变化较小，此时定投摊薄成本的效果就不明显。

以上便是如今市场中比较常见的智能定投方法，没有好坏之分，每一种策略都存在投资失败的可能，投资者可以从其方法的核心出发，选择适合自己的定投方式。

3.2.3 长线操盘结束的时间

我们知道长线投资的时间周期非常长，有的中长期时间可能在2～3年，有的长期操盘时间可能在5年以上，那么，投资者应该什么时候结束比较好呢？一般来说，结束的方法主要有以下三种：

◆ 固定期限结束

固定期限结束指投资者在开始之初就设置好一个结束期限，一旦到达期限，投资者就离场。具体的投资期限则根据投资者的实际投资需求来进行设置。

需要注意的是，期限的时长有讲究，既不能过短，也不能过长。如果投资者的长线投资是以定投的方式完成的，期限设置的时间过短，投入的本金不多，收益较低，操作意义不大；如果期限设置的时间过长，定投中单次扣款的次数增多，单次扣款对整体的影响也越来越小，定投摊低成本的这一优势越来越难以体现，市场波动对定投的影响越来越大。所以，如果选择固定期限结束，2～3年是比较好的选择。

◆ 估值结束

估值结束与前面介绍的估值定投同理，所谓结束是指当我们的投资对象估值较高时，就应结束投资；如果我们的投资对象估值还处于较低位置，则可以继续持有。

◆ 预期收益结束

预期收益结束是指投资者在定投之初就设置一个止盈的预期收益率，

一旦该基金定投的收益率达到设置的预期收益率时就结束投资。

在上述三种结束方法中，预期收益结束法在实际投资中运用更多，支付宝中的基金理财也为投资者提供了这一功能——目标投。

理财实例

支付宝目标投

支付宝目标投中投资者提前设置目标收益率，当系统判断投资者的投资收益率达到目标收益率时，则自动卖出投资者持有的份额，使收益落袋为安，结束投资。

打开支付宝进入基金页面，在页面中点击“省心定投”按钮，进入定投专区，页面展示了多种定投方式，选择“目标投”选项，如图 3-7 所示。

图 3-7　选择“目标投”选项

进入目标投页面，滑动页面中的收益率指标设置目标收益率，系统默认的定投计划为“每周 × 从余额宝中扣款 10 元定投天弘中证食品饮料指数 C”（进入页面时是周几就默认周几），投资者可以点击“修改计划”

超链接修改计划，如图 3-8（左）所示。

进入修改目标投页面，分别设置买入基金、定投金额、付款方式和定投周期，完成后点击“确认修改”按钮，如图 3-8（右）所示。

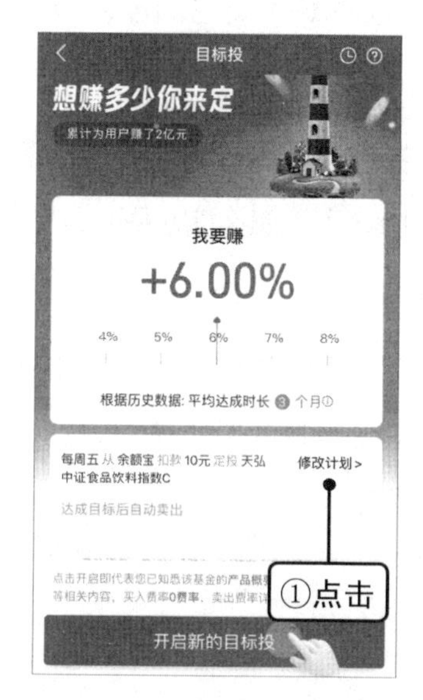

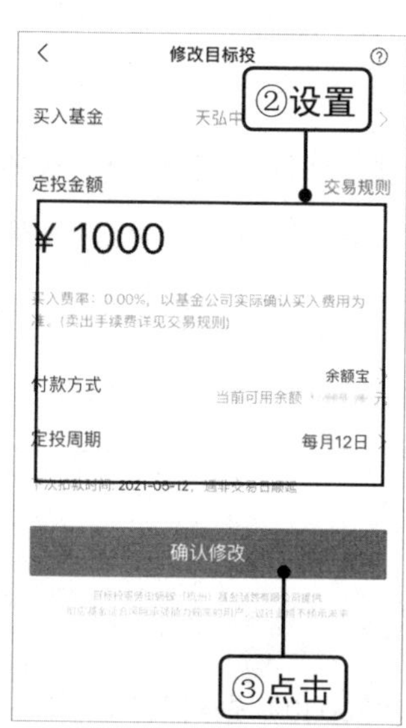

图 3-8 修改计划

完成修改后，页面返回至目标投页面中，在该页面点击“开启新的目标投”按钮输入密码即可。

3.3 渴望短线获利的投机组合

短线获利投机者是指不重视市场行情，也不考虑估值，只要市场中出现套利机会就立即操作的操盘行为。短线是相较于长线而言的，没有具体的时间，可以是一两个月，也可以是一两天。适合短线操作的投资工具主要以技术投资为主，例如股票。

短线操盘有两个比较极致的产品，即股票 T+0 和可转债 T+0，下面我们一一进行介绍。

3.3.1 股票 T+0 操盘

T+0 是一种交易制度，是指投资者将当天买进的证券在当天卖出的一种短线操盘方法。但是 A 股股市执行的是 T+1 交易制度，即投资者当天买进的股票，只能在第二天卖出。

尽管如此，但是仍然有不少投资者想要把握日内股价波动的收益，所以就此产生了股票 T+0。那么，股票 T+0 应该怎么实现呢？

要想实现交易当日的 T+0，投资者手中需要提前拥有该只股票，如果当日开盘股价回落，跌至低位时投资者买进该股，当股价止跌回升至高位时卖出。这样一来，投资者就可以享受当日的股价波动收益，降低持股成本。

理财实例

富奥股份（000030）先买后卖 T+0

某投资者在 2020 年 10 月 27 日以每股 6.84 元的价格买进富奥股份 1 000 股。10 月 28 日富奥股份分时走势如图 3-9 所示。

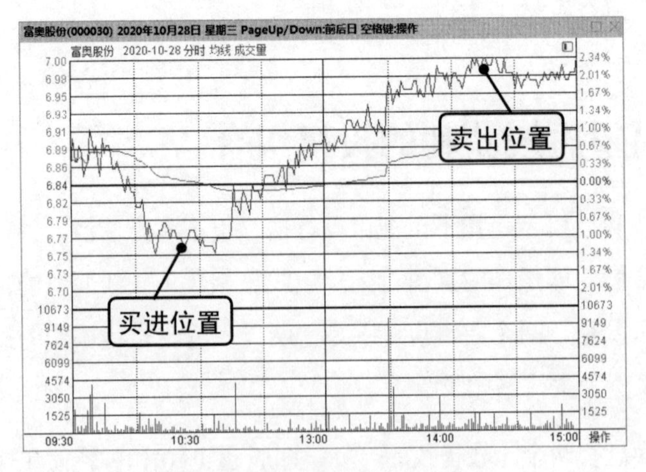

图 3-9 10 月 28 日分时走势

从图 3-9 中可以看到，当日股价高开横盘一段时间后向下滑落，跌破均价线，跌至 6.77 元价位线附近时横盘止跌，此时跌幅达到 1%，投资者在此位置加仓 1 000 股。

10:40 左右，成交量出现巨量，股价结束横盘向上拉升，上穿均价线，转入稳定上升的走势中。当股价上涨至 6.98 元附近时涨势渐缓，出现横盘迹象，此时涨幅超 2%，所以投资者在此位置卖出 10 月 27 日买进的 1 000 股。

此时，计算投资者这一操作的结果如下：

10 月 27 日买进金额：6.84×1 000=6 840.00（元）

10 月 28 日买进金额：6.77×1 000=6 770.00（元）

10 月 28 日卖出金额：6.98×1 000=6 980.00（元）

剩余投资成本：（6 770.00+6 840.00）−6 980.00=6 630.00（元）

也就是说，投资者如此一来，手中仍然持有 1 000 股该只股票，却将之前的买进成本 6.84 元降至 6.67 元，享受到 10 月 28 日当日近 3% 的收益。

投资者提前持有该只股票，如果当日股价上涨，涨幅较大，且对该股后市发展仍然看好，不想贸然卖出，但又想要享受这一涨幅收益。此时，投资者可以在上涨的高位处卖出，然后在当天回落的低位处买进，完成 T+0，享受当日的股价波动收益。

理财实例

中洲控股（000042）先卖后买 T+0

某投资者在 2020 年 7 月 3 日以每股 10.67 元的价格买进中洲控股 1 000 股。下一个交易日，即 7 月 6 日中洲控股的分时走势如图 3-10 所示。

从图 3-10 中可以看到，当日该股高开后横盘运行，10:30 左右股价转入上升走势中，股价不断向上攀升。当股价上升至 11.24 元时，股价滞涨出现下跌迹象，此时涨幅超 5%，投资者在此位置卖出手中持股。

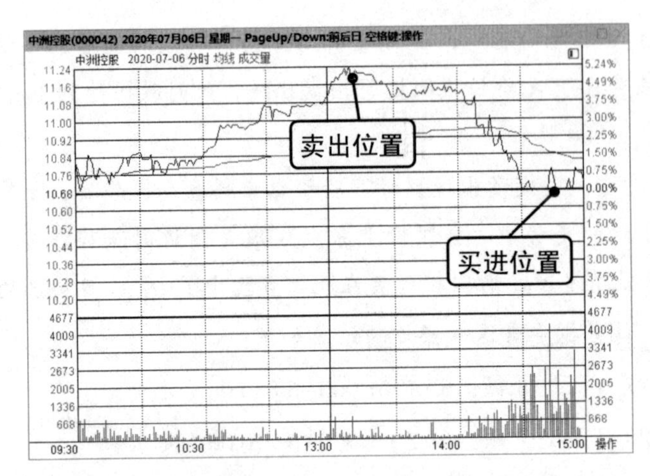

图 3-10　7 月 6 日分时走势

随后股价小幅下跌，跌至 11.10 元附近时止跌横盘，但仅维持了半小时左右便继续下滑，下方成交量放大，股价大幅下挫，跌破均价线。股价跌至上一个交易日收盘价线上止跌，下方成交量继续放量，说明后市继续上涨的可能性较大，投资者在此位置买进 1 000 股。

此时，计算投资者这一操作的结果如下：

7 月 3 日买进金额：10.67×1 000=10 670.00（元）

7 月 6 日卖出金额：11.24×1 000=11 240.00（元）

7 月 6 日买进金额：10.68×1 000=10 680.00（元）

剩余投资成本：（10 670.00+10 680.00）−11 240.00=10 110.00（元）

经过投资者的这一轮操作，投资者手中仍然持有该只股票 1 000 股，却将之前买进的成本 10.67 元降至 10.11 元，也就是说，投资者享受到 7 月 6 日当日超 5% 的收益。

根据上面股票 T+0 的介绍可以知道，在股票 T+0 交易中，投资者手中提前持有一定数量的股票是保证 T+0 交易顺利进行的前提条件。此外，投资者还要遵循股票 T+0 的相关操作要点，具体如下：

① T+0 操作要求投资者必须在当天完成买进和卖出操作，才能称为

T+0，如果投资者因为涨势良好不买，持股过夜，则不是T+0操作。其次，过夜之后行情极有可能发生变化，会对接下来的操作产生影响。

②多关注分时走势，结合走势形态做进一步分析。

③ T+0操作时要选择业绩良好、有基本面支撑的股票，获利的机会更大。

④ T+0对投资者的技能要求较高，经验丰富者可以尝试。

3.3.2 可转债T+0快进快出

可转债也是非常适合短线操盘获利的一种投资工具。可转债全称为可转换债券，它的本质是债券，但债券持有人可按照发行时约定的价格将债券转换成公司的普通股票。

可以说，可转债具有债性和股性，当它作为债券时，投资者可以持有其到期，兑付本息，享受利息收益。投资者如果将其按照发行时约定的转股价转换成股票，那么可转债就变成股票，具有股性，投资者可以在股市享受股价涨幅收益。

而可转债T+0是可转债的另一种玩法。可转债发行之后，也可以像股票一样在二级可转债市场中买卖交易，通过低买高卖之间存在的差价空间获得涨幅收益。此外，与股票T+1交易制度不同的是，可转债实行T+0交易制度，无限制买卖次数。也就是说，投资者在当天有无限交易次数，可以在当天多次买进卖出，享受当日价格波动收益，是真正意义上的T+0。

理财实例

明泰转债（113025）T+0操盘分析

图3-11所示为明泰转债2021年1月6日的分时走势。

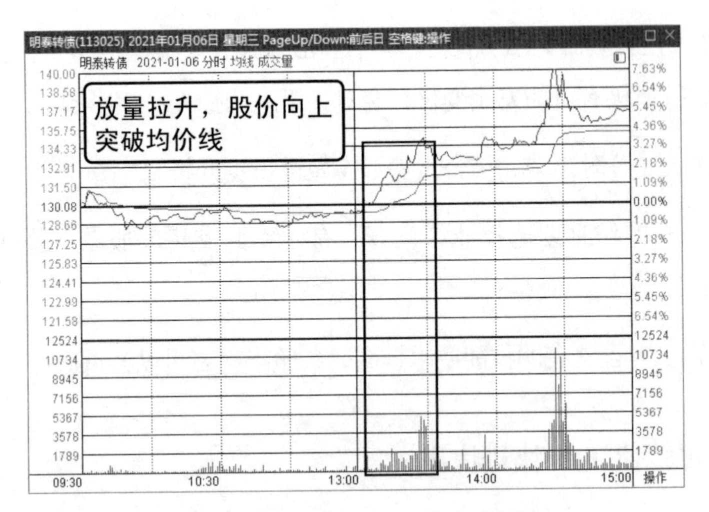

图 3-11　2021 年 1 月 6 日分时走势

从图 3-11 中可以看到，当日可转债在前一日收盘价附近平开，随后债价小幅下跌运行至均价线下方，但并未继续下跌，而是以横盘整理的走势在均价线下方波动。

13:00 后，下方成交量突然放量，推动债价向上运行，上穿均价线，说明场内有主力资金入场，后市即将迎来一波拉升，此时为投资者的买进机会。

债价在成交量的支持下不断向上攀升，当债价上涨至 140.00 元时止涨，小幅回落后继续向上，再次上涨至 140.00 元附近受阻回落。两次上冲回落形成双重顶形态，这就是债价见顶，后市转跌的信号，投资者应在此位置卖出。

投资者在债价上穿均价线的 129.00 元附近买进，在双重顶形成位置 139.00 元附近卖出，即可完成一次 T+0 操作。此番操作可以帮助投资者获得近 8% 的涨幅收益。

需要注意的是，可转债与股票不同，在股票交易中有涨停板限制，但是在可转债中却没有涨跌幅限制，这样投资者通过 T+0 就有机会获得更高的收益，但同时如果操作不当也可能遭受重大的损失。

股票中的涨停板制度是为了防止股市的价格发生大幅上涨大幅下跌而

影响市场的正常运行，股票市场的管理机构会对每日股票买卖价格涨跌的上下限做出规定的行为，即每天市场价格达到了上限或下限时，不允许再有涨跌，术语称为“涨跌停板”。股票上涨幅度和下跌幅度只能是上一个交易日收盘价格的10%。

可转债虽然没有涨跌幅限制，但是为了避免可转债市场价格出现过度的大幅度波动，市场也对其做出了一些限制措施，即临停规则。临停规则中沪市和深市存在一些不同，具体如下：

◆ 沪市可转债临停规则

沪市可转债临停分为上市首日和非上市首日盘中临时规定。

①无价格涨跌幅限制的其他债券盘中交易价格较前收盘价首次上涨或下跌超过20%（含）、单次上涨或下跌超过30%（含）的需要临停。

②首次盘中临时停牌持续时间为30分钟。

③首次停牌时间达到或超过14:57的，当日14:57复牌。

④第二次盘中临时停牌时间持续至当日14:57。

⑤可转债停牌期间可以申报但会被废单，且不能撤销停牌前的申报。

◆ 深市可转债临停规则

深市可转债临停规则主要包括以下几点：

①盘中成交价较前收盘价首次上涨或下跌达到或超过20%的。

②盘中成交价较前收盘价首次上涨或下跌达到或超过30%的。

③单次盘中临时停牌的持续时间为30分钟，具体时间以本所公告为准。临时停牌时间跨越14:57的，于当日14:57复牌，并对已接受的申报进行复牌集合竞价，再进行收盘集合竞价。

④盘中临时停牌期间，投资者可以申报，也可以撤销申报。复牌时对已接受的申报实行复牌集合竞价。

图 3–12 所示为可转债债价上涨触发临停。

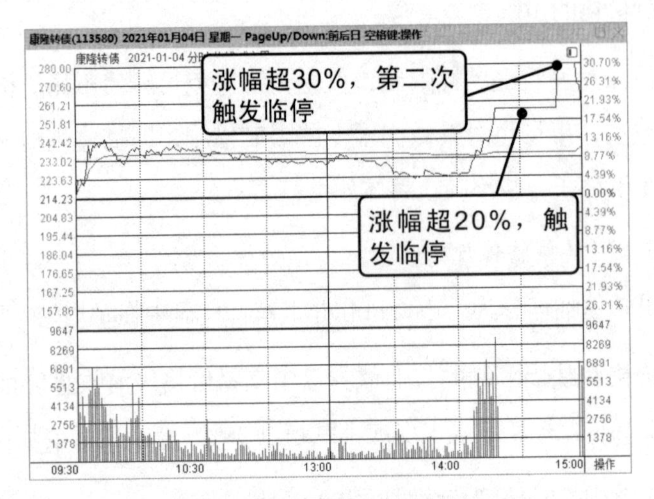

图 3–12　债价上涨触发临停

从图 3–12 中可以看到，14:00 以后成交量突然放量，推动债价向上大幅拉升，当债价上涨至 257.00 元附近时，涨幅达到 20% 触发临停，停牌 30 分钟。14:47 时临停结束，债价再次上冲，涨幅超 30% 再次触发临停，因为临时停牌时间跨越 14:57，所以于当日 14:57 复牌。

可转债的临停规则会在很大程度上影响投资者的 T+0 操作，所以投资者需要对此有一个清晰的认识，合理利用临停。

3.3.3　T+0 操盘必会的分时图技巧

从上面的介绍可以看到，不管是股票 T+0，还是可转债 T+0，都离不开对分时图的分析判断，所以投资者想要通过 T+0 短线操盘获利就不得不掌握分时图的分析技巧。

分时图指大盘和个股的动态实时分时走势，通过分时图投资者能够直观地看到价格的实时变化，以分时细节把握主力资金动态。

分时图中有两根走势曲线，黄线是均价线，是当天开盘至当时所有成交总金额除以成交总数得到的平均价连线；白色是实时走势线，是当天实时成交价格连线。其中：价格线是分时图的重要组成部分，通过实时走向价格线会形成各种各样的形态，这些形态直观地反映出股价的变动趋势。投资者可以利用其中一些具有指示意义的反转形态，帮助分析买卖信号。

（1）价格线的看涨形态

价格线的看涨形态主要有以下几种：

◆ 双重底形态

双重底形态指价格在连续两次下跌的低点大致相同时形成图形，价格线第一次止跌回升形成的高点连线为颈线。双重底形态为标准的反转形态，说明价格止跌回升，为买进信号。双重底形态示意如图 3-13 所示。

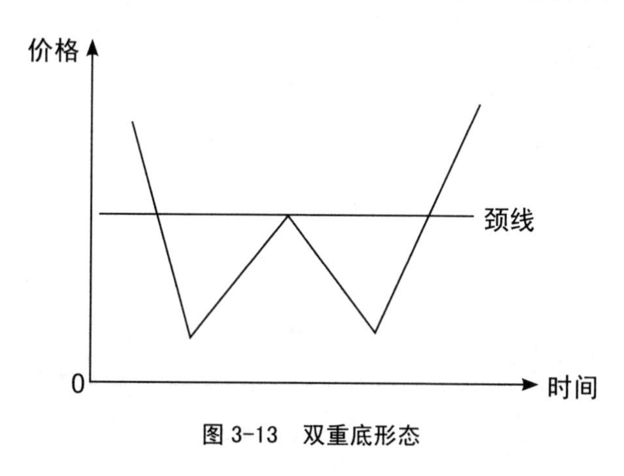

图 3-13　双重底形态

◆ 头肩底形态

头肩底形态是一种典型的趋势反转形态，图形以左肩、底、右肩及颈线组成。其中左右两肩大致处于同一水平，头部最低，价格上涨向上突破颈线，则说明拉升开始。头肩底形态示意如图 3-14 所示。

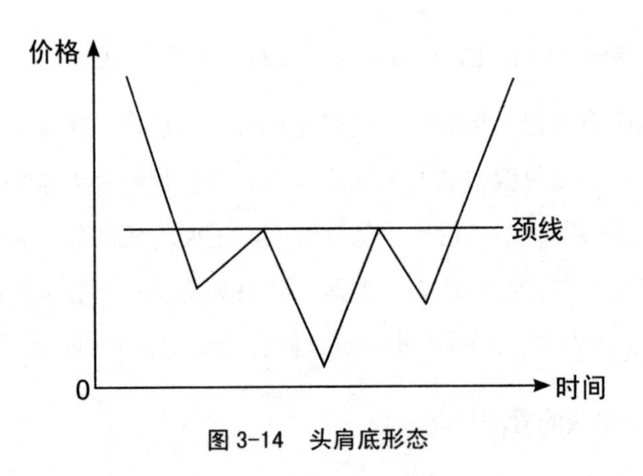

图 3-14　头肩底形态

◆ V 形底形态

V 形底形态又称为尖底形态，它是一种比较常见的反转形态。分时线 V 形底与双重底相类似，不同点在于此形态只有一个底部，有时跌幅较深，会形成一个深 V 形谷底，该形态在下跌低位中是见底反弹的买入信号。图 3-15 所示为 V 形底形态示意。

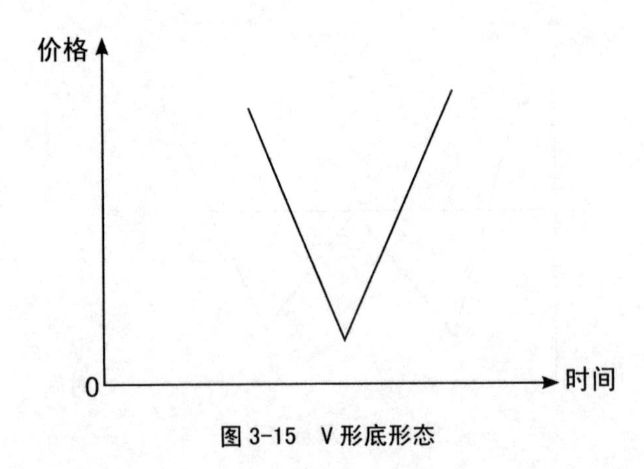

图 3-15　V 形底形态

◆ 三重底形态

三重底与双重底类似，只是比双重底多了一个谷底，但含义与双重底类似，说明价格线回调结束，是投资者可以适当买进的信号。图 3-16 所示为三重底形态示意。

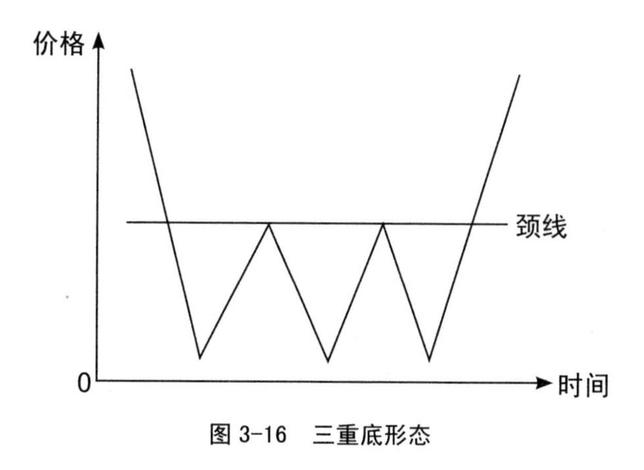

图 3-16　三重底形态

（2）价格线的看跌形态

价格线的看跌形态与看涨形态对应，主要有以下几种：

◆ 双重顶形态

双重顶形态指价格连续两次上冲回落，形成的两个高点大致在同一水平位置。它与双重底形态的作用刚好相反，是看跌信号。图 3-17 所示为双重顶形态示意。

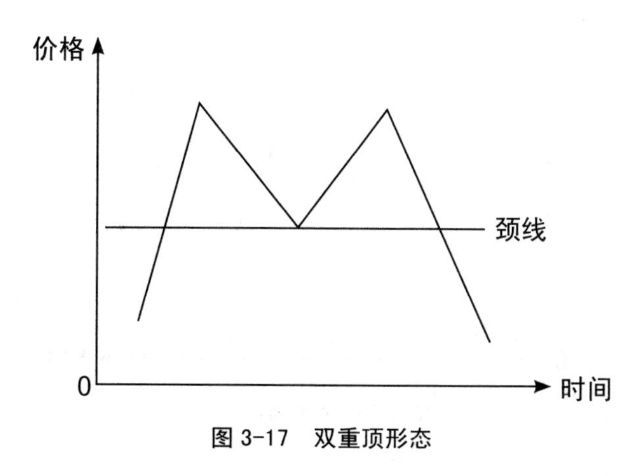

图 3-17　双重顶形态

◆ 头肩顶形态

头肩顶形态是较为可靠的卖出信号，通过三次连续的涨跌构成该形态的三个部分，也就是有三个高点，中间的高点比另外两个高点要高，称为“头部”，左右两个相对较低的高点称为“肩部”。图 3–18 所示为头肩顶形态示意。

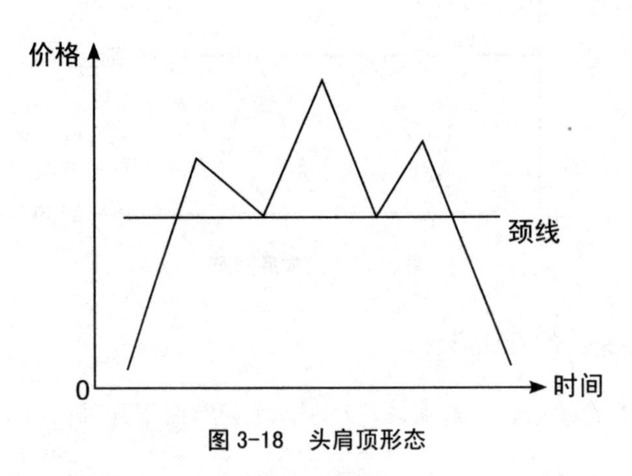

图 3-18　头肩顶形态

◆ V 形顶形态

V 形顶形态又称为尖顶形态，是顶部反转信号。价格线急速冲高然后回落，形成一个尖顶。图 3–19 所示为 V 形顶形态示意。

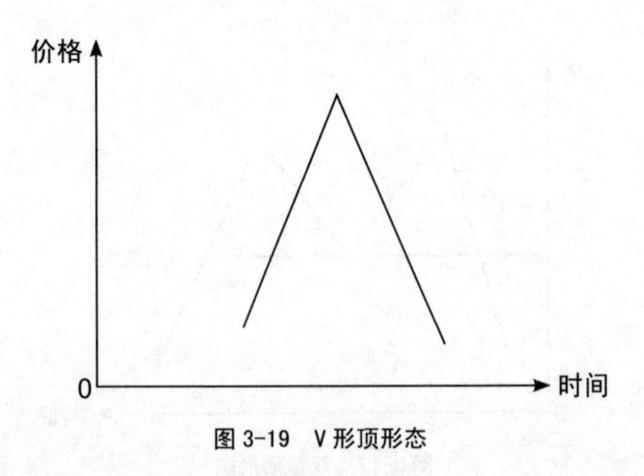

图 3-19　V 形顶形态

◆ 三重顶形态

三重顶形态指价格线三次冲高回落形成三个位置大致相同的高点，是典型的价格见顶下跌信号，价格线下跌跌破颈线，说明下跌开始，投资者应立即离场。图 3-20 所示为三重顶形态示意。

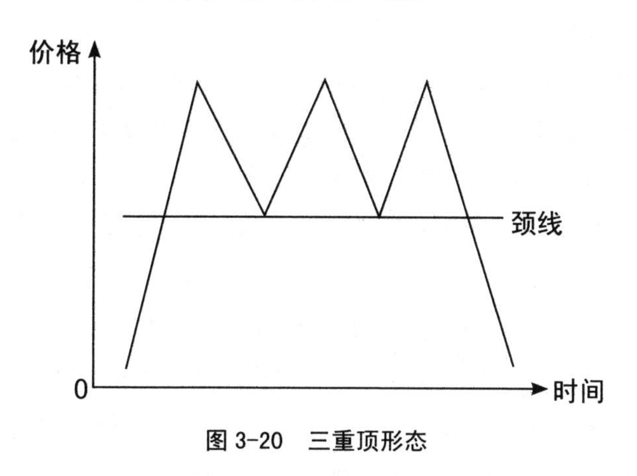

图 3-20 三重顶形态

下面以一个具体的例子来实际应用分时图的反转形态。

理财实例

TCL 科技（000100）分时图头肩底形态分析

图 3-21 所示为 TCL 科技 2021 年 3 月 10 日的分时走势。

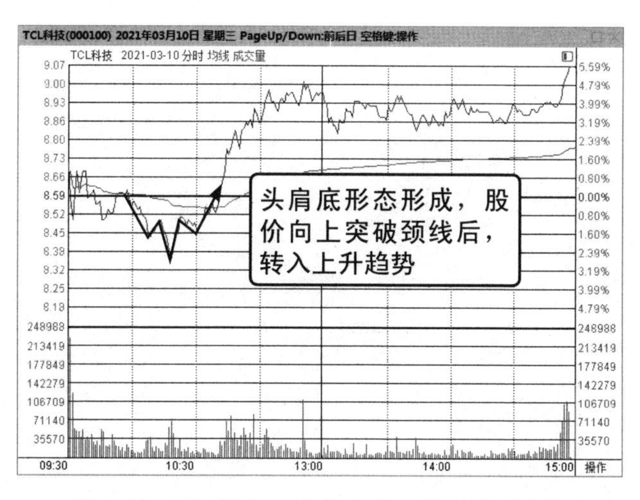

图 3-21 TCL 科技 2021 年 3 月 10 日的分时走势

从图 3–21 中可以看到，2021 年 3 月 10 日股价小幅高开后并没有继续上涨，而是在前一日收盘价 8.59 元价位线附近波动横行。持续一段时间后，股价转入下跌走势中，股价震荡向下。

当股价跌至 8.45 元时止跌小幅回升，随后再次下跌，股价下跌至 8.36 元附近止跌回升，当股价上涨至前一次回升高点附近时止涨再次下跌，且跌至第一次下跌低位 8.45 元附近时止跌。股价三次下跌形成三个明显的低点，且第一个低点和第三个低点大致处于同一水平线上，由此形成典型的头肩底形态。

头肩底形态的形成，说明股价探底结束，后市极有可能转入上升走势，投资者应该在头肩底形态形成后且向上突破颈线时积极跟进。

从当日后市的走势来看，股价向上突破头肩底颈线后转入上升走势。虽然股价上涨至 9.00 元附近时止涨横盘运行，但最终以 5.59% 的涨幅收盘。如果投资者当日在头肩底位置买进，则可以获得超过 5% 的涨幅收益。

第4章

高低风险组合，家庭理财更稳健

我们知道任何理财产品都有风险，且不同的理财产品风险程度不同。投资者如果想要家庭理财组合在追求高收益的同时，还能具有一定的稳定性，则可以从风险的角度进行组合配置，将高风险与低风险的产品进行配置则更为稳妥。

4.1 对于风险组合的理解

风险组合一词是指从风险的角度出发，将各种不同风险的理财产品进行搭配，通过优化组合，以达到减少整体风险损失的目的。这就要求我们在配置投资组合时，除了要考虑周期、收益外，还要更多的考虑风险，才能降低投资风险。

4.1.1 收益与风险的关系

我们经常会听到这样一种说法“收益与风险并行”，意思是收益与风险是相伴而生的，只要有收益就有风险，且二者成正比关系，如图 4-1 所示。

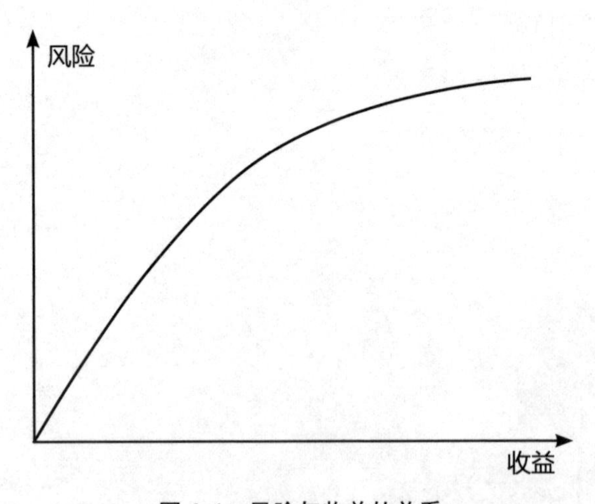

图 4-1 风险与收益的关系

从图 4-1 中可以看到，风险与收益成正比关系，风险越高时对应的收益也更高；风险越小时对应的收益也更低。所以，投资的本质是以风险交换收益，这就要求投资者在可控的风险范围内追求收益，而不是一味地追求高收益而忽略其中的风险。

4.1.2 了解自己的投资风险类型

我们在实际的投资理财中经常会看到这样的介绍，例如“稳健型投资”“保守型投资者必选”等，其中的“稳健型”“保守型”实际上就是指投资者的风险承受类型。

投资者需要了解自己的投资风险类型，才能够在自己能承受的风险范围内配置和选择与自己可承受风险相匹配的理财产品。

投资者的风险承受类型以承受能力的强弱划分，至少可以分为积极型、稳健型、保守型三类，有的地方风险承受能力划分更为细致。这就要求投资者只有了解自己的风险承受类型，才能选择到风险适合的产品。

投资者可以通过风险类型测试题来了解自己的风险类型。

理财实例

投资者风险类型测试

1. 您目前的个人及家庭财务状况属于以下哪一种：（　　）

A. 有较大数额未到期负债（2分）

B. 收入和支出相抵（4分）

C. 有一定积蓄（6分）

D. 有较为丰厚的积蓄并有一定的投资（8分）

E. 比较富裕且有较多的投资（10分）

2. 您个人目前已经或者准备投资的基金金额占您或者家庭所拥有总资产的比重是多少：（备注：总资产包括存款、证券投资、房地产及实业等）（　　）

A. 80%～100%（2分）

B. 50% ～ 80%（4 分）

C. 20% ～ 50%（6 分）

D. 10% ～ 20%（8 分）

E. 0 ～ 10%（10 分）

3. 您的年收入是多少：（　　）

A. 20 万元以下（2 分）

B. 20 万～ 50 万元（4 分）

C. 50 万～ 150 万元（6 分）

D. 150 万～ 500 万元（8 分）

E. 500 万元以上（10 分）

4. 您的投资经验可描述为：（　　）

A. 除银行储蓄外，基本没有其他投资经验（2 分）

B. 购买过银行理财产品（4 分）

C. 购买过债券、保险等理财产品（6 分）

D. 参与过股票、基金等产品的交易（8 分）

E. 参与过权证、期货、期权等产品的交易（10 分）

5. 您是否有过基金专户、券商理财计划、信托计划等产品的投资经历，如有投资时间是多长：（　　）

A. 没有（2 分）

B. 有，但是少于 1 年（4 分）

C. 有，1 ～ 3 年（6 分）

D. 有，3 ～ 5 年（8 分）

E. 有，长于 5 年（10 分）

6. 您计划中的投资期限是多长：（　　）

A. 少于 1 年（2 分）

B. 1 ～ 2 年（4 分）

C. 2 ～ 3 年（4 分）

D. 3 ～ 5 年（6 分）

E. 5 年以上（10 分）

7. 您投资基金专户、券商理财计划、信托计划等产品主要出于什么目的：（　　）

A. 平时生活保障，赚点儿补贴家用（2 分）

B. 养老（4 分）

C. 子女教育（6 分）

D. 资产增值（8 分）

E. 家庭富裕（10 分）

8. 以下哪项描述最符合您的投资态度：（　　）

A. 厌恶风险，不希望本金损失，希望获得稳定回报（2 分）

B. 保守投资，不希望本金损失，愿意承担一定幅度的收益波动（4 分）

C. 寻求一定的资金收益和成长性，在深思熟虑后愿意承担一定的风险（6 分）

D. 寻求资金的较高收益和成长性，愿意为此承担有限本金损失（8 分）

E. 希望赚取高回报，愿意为此承担较大本金损失（10 分）

9. 以下几种投资模式，您更偏好于哪种模式：（　　）

A. 收益只有 5%，但不亏损（2 分）

B. 收益是 15%，但可能亏损 5%（4 分）

C. 收益是 30%，但可能亏损 15%（6 分）

D. 收益是 50%，但可能亏损 30%（8 分）

E. 收益是 100%，但可能亏损 60%（10 分）

10. 您认为自己能承受的最大投资损失是多少：（　　）

A. 10% 以内（2 分）

B. 10% ～ 20%（4 分）

C. 20% ～ 30%（6 分）

D. 30% ～ 50%（8 分）

E. 超过 50%（10 分）

表 4-1 所示为得分说明。

表 4-1　得分说明

得　　分	风险类型	说　　明
20 ~ 36 分	保守型	希望本金安全，风险承受能力较低，能够接受较小范围内的价格波动
37 ~ 52 分	稳健型	风险承受能力相较于保守型投资者稍高，能够接受范围适中的价格波动
53 ~ 68 分	平衡型	能够接受范围适中的价格波动，也能够承受一定程度的投资风险
69 ~ 84 分	成长型	能够承受较高的投资风险，且能够接受较大的价格波动，且偏好具有成长性的产品
85 ~ 100 分	进取型	能够承担全部收益包括本金可能出现损失的风险，风险承受能力较高，且更偏好高成长性或投机性的产品，希望资产能够快速实现增长

投资者了解自己的投资风险类型是做好风险组合配置的前提条件，如果不知道自己的风险类型就盲目搭建自己的风险组合，无异于盲人摸象，这样的风险组合不仅不会降低自己的风险，还会增大投资风险。

4.2　理财产品的风险分类

投资者除了要了解自己的投资风险类型之外，还需要了解不同理财产品的风险程度，即哪些产品的风险较低，哪些产品的风险较高。了解之后才能根据其风险情况来进行搭配组合。

图 4-2 所示为理财产品风险示意。

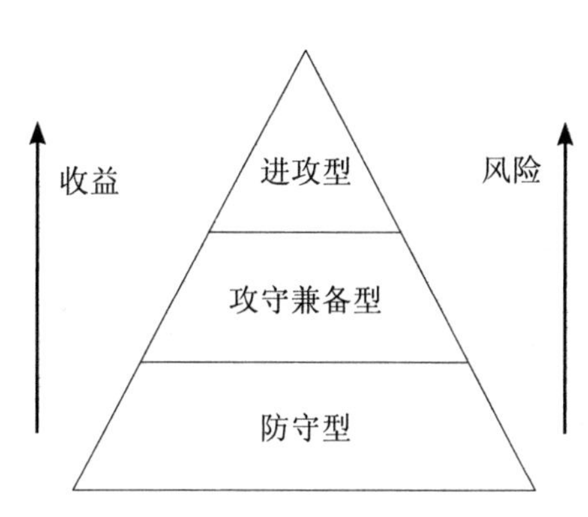

图 4-2 理财产品风险

4.2.1 进攻型理财产品

进攻型理财产品是指可以获取超额收益的、风险较高的理财产品，也是博取高收益，实现资产增值的重要工具。进攻型的理财产品包括股票、股票型基金及混合型基金等。另外，还有期货、外汇、黄金和白银等，但对于这类投资大部分的家庭接触较少，这里不再赘述。

（1）股票投资

提起高风险理财产品，人们脑海中往往第一反应就是股票。这是因为股市波动较大，它能够让投资一天获得 10% 的收益，实现资产的增值，也能够在一天之内让资产快速缩水。正是因为其上涨和下跌的幅度较大，一些稳健型投资者和保守型投资者难以接受，所以才被称为高风险投资。

（2）股票型基金和混合型基金

股票型基金和混合型基金之所以属于进攻型理财产品行业，是因为它们的投资对象大部分为股票，因为股票投资的风险较大，所以使得它们的投资风险也较大。

在风险投资组合中，进攻型理财产品通常为投资者争取高收益的主要部分，尤其是对于激进型的投资者来说，进攻型理财产品更是不可或缺的一部分。

4.2.2 攻守兼备型理财产品

在介绍攻守兼备型理财产品之前，投资者需要对攻守兼备有一个清晰的理解，什么是攻守兼备？

我们需要从两个方面来对其进行理解：攻，进攻，即积极博取高收益的可能性；守，防守，即在进攻的同时还具备一定的防御性，避免损失过重。能够同时满足这两个要求的产品才能算是攻守兼备型的理财产品，下面来介绍一些常见的攻守兼备型的理财产品。

（1）债券

关于债券其实我们并不陌生，在前面的内容中也提过，它属于固定收益类的证券投资品种，风险较低，甚至为防守型产品。但是，这只是投资者对债券最基础的一种认识。

债券根据投资目的的不同，可以分为以下三种投资方法。

①持有到期法，这是风险最低、最简单的一种投资方法，投资者购买债券后通过持有债券到期获得稳定的投资利息。

②主动型投资法，即投资者投资债券并非只想要获得单纯的利息收益，而是想要获取市场波动所引起的价格波动带来的收益，即通过二级市场的价格波动，采取低买高卖的方法来赚取收益。

③部分主动投资，即投资者购买债券的主要目的虽然是获取利息收益，但同时也会兼顾二级市场的价格波动机会，适时买进卖出赚取更高收益。

正是因为债券的这些投资方法，使得它并不像单纯的固收类理财产品，具有本金防御性的同时还具备了一定的攻击性，只要投资者能够把握债券市场的价格波动机会，就有机会赚取更高的收益。

（2）可转债

可转债全称为可转换债券，是指持有者可以在一定时期内按照一定的比例或者是价格，在特定的条件下，将债券转换成普通股票的特殊企业债券。

也就是说，投资者持有可转换债券之后有两种情况：一是拒绝转换，那么此时手中的可转换债券就是债券，具有债券的特性，可以享受到期利息收益；二是选择转换，那么此时手中的可转换债券就是股票，具有股票的特性，可以在股票市场中享受股票投资收益。

可转债赋予投资者的灵活转换选择权，使可转债成为一种攻守兼备的投资品种，如果股票市价高于转股价，投资者可以将持有的可转债转换为股票从而获得利润；如果股票市价低于转股价，投资者可以选择到期兑付，享有原债券的固定本息利益。

（3）理财型保险

对于保险，很多人还停留在医疗保险、意外保险及人寿保险等一般消费型保险上。实际上，还有一类理财型保险，这类保险同样具有保险的基本特性，同时还兼具理财的特性。具体来看主要有以下三类保险。

◆ 分红险

分红险保险公司在每个会计年度结束后，将上一会计年度该类分红保险的可分配盈余，按一定的比例，以现金红利或增值红利的方式，分配给客户的一种人寿保险。也就是说，投资者在获得保险保障的同时，还能够享受保险公司的分红收益。

分红险的收益分为两部分：一部分为保证回报，指按照保险合同的规定，每隔若干年应返还给投保人的那部分现金，也就是投资者的固定收益；另一部分是分红收益，也就是保险公司的经营利益成果。

其中的保障利益与一般保险没有差别，如身故保障、生存保险金给付等，其保障内容、保险金额、保单的价值及保险费都是投保时在合同中明确约定的，这部分就是常说的"保底"，也就是说，无论保险公司的经营业绩情况变化，出现保险责任事故或保险期满时，就会触发相关条款，保险公司都要兑现给客户。

◆ 万能险

万能险即万能保险，与传统寿险一样保障生命之外，还可以让投资者参与由保险公司为投保人建立的投资账户内资金的投资活动，保单价值与保险公司独立运作的投保人投资账户资金的业绩挂钩。

万能险具备保障功能，也具有投资特性，产品中设置了两个账户：保障账户和投资账户。在保障账户中投保人可以对保障进行管理，例如保障费用的支出、保障额度的调整及保障内容的选择；在投资账户中，投保人将投资管理权全部交由保险公司进行理财，投保人可以享受投资账户中的投资收益。

◆ 投连险

投连险，即连接投资和保险的保险，是指在一份终身寿险产品中，既包含保险保障，同时也具有投资功能。虽然分红险和万能险也同样具有投资功能，但投连险与它们有着明显的区别。

投连险的保障性体现在，当被保险人在保险期间出现身故时，将获取保险公司支付的身故保障金，同时通过投连险附加险的形式也可以使投保人在重大疾病或意外事故等其他方面获得保障。而在投资方面，保险公司使用投保人支付的扣除初始费用后的保费进行投资，并获取收益。

投连险的运作也同万能险一样有两个账户：保障账户和投资账户，但不同之处在于为了迎合有更多投资需要和不同投资需求的投资者，投资账户分为多种风格，投保人可以根据自己的需要选择一个或多个与自己风格匹配的投资账户。

投资账户根据投资风险和投资范围的不同，通常分为激进账户、稳健账户及保守账户等，投资者可以根据实际需要选择适合的投资账户。

因为理财型保险具有保险保障性和投资性，所以使得它也具备了攻守兼备特性。

4.2.3 防守类理财产品

防守类理财产品是指一些风险特别低、安全性较高、流动性强的理财产品，例如保险、活期存款和货币基金等。因为这类资产主要是用于保障短期生活消费或者是对意外、重疾等的保障，目的在于保障自己的日常生活能顺利开展而不受到影响，所以这部分资产更注重风险性，对于收益性要求不高。

防守型理财产品在投资组合中占有重要地位，但是往往在实际的投资中，大部分的投资者只重视进攻型理财产品，而忽视防守型理财产品。进攻可能会让自己获胜，但是防守却可以避免失败。

市场波动变化大，不确定因素太多，我们无法准确地预估未来，因此盲目的进攻必然会增加自己失败的概率，所以必须做好防守工作，将组合中的部分资金投于防守型理财产品，在市场向好时可以及时转向进攻型理财产品，获得更多获利机会；在市场下跌时也能龟缩防守，避免损失过重。

下面介绍几种比较常见的防守类低风险理财产品：

（1）银行通知存款

很多投资者在银行储蓄存款时总会抱怨，活期储蓄虽然便捷，但利率过低，收益太少；定期储蓄虽然利率提高了，但是储蓄时间又被限制了，一点儿也不灵活。此时，投资者就可以考虑银行通知存款。

通知存款是不固定期限的一种存款方式，它兼具了活期储蓄和定期储蓄的性质，是指客户不约定存期，支取时需提前通知银行，约定支取日期和金额方能支取的存款业务。

个人通知存款无论储户实际的存期多长，按存款人提前通知的期限长短划分为一天通知存款和七天通知存款两个品种。一天通知存款必须提前一天通知约定支取存款，七天通知存款则必须提前七天通知约定支取存款。通知存款的利率视通知期限的长短而定，一般高于活期，低于定期。

需要注意的是，通知存款最低起存、最低支取和最低留存金额均为5万元，外币最低起存金额为1 000美元等值外币（各省具体起存金额可向当地分行咨询）。存款人需一次性存入，可以一次或分次支取。如果储户出现以下一些情况时，会按照活期存款利率计算利息。

①实际存期不足通知期限的，按活期存款利率计息。

②未提前通知而支取的，支取部分按活期存款利率计息。

③已办理通知手续而提前支取或逾期支取的，支取部分按活期存款利率计息。

④支取金额不足或超过约定金额的，不足或超过部分按活期存款利率计息。

⑤支取金额不足最低支取金额的，按活期存款利率计息。

（2）银行理财产品

银行理财产品是银行通过对潜在目标客户群体的分析，进而开发设计并销售的资金投资和管理计划。在银行理财产品中，银行接受客户授权投资的资金，并对其进行管理，投资收益与风险由客户或客户与银行按照合同约定方式双方承担。

银行理财产品按照风险评级通常分为五类，具体如下：

① R1 级为谨慎型产品，是指保本保收益或保本浮动收益类型。

② R2 级为稳健型产品，虽然是非保本浮动收益类，但其主要投资于债券、同业存放等低波动性的金融产品，风险较低。所以该级别理财产品不保证本金的偿付，但本金风险相对较小，收益浮动相对可控。

③ R3 级为平衡型产品，该级别理财产品不保证本金的偿付，有一定的本金风险，收益浮动且有一定波动。在信用风险维度上，主要承担中等以上信用主体的风险。

④ R4 级为进取型产品，该级别理财产品不保证本金的偿付，本金风险较大，收益浮动且波动较大，投资较易受到市场波动和政策法规变化等风险因素的影响。

⑤ R5 级为激进型产品，该级别理财产品不保证本金的偿付，本金风险极大，同时收益浮动且波动极大，投资较易受到市场波动和政策法规变化等风险因素的影响。

出于对投资组合的防守要求，投资者可以选择 R1、R2 级的理财产品，投资风险较低。

理财实例

工商银行理财产品分析

表 4-2 所示为工银理财 · 鑫添益私银尊享中短债每日开放净值型理财产品 19GS2815 产品详情。

表 4-2　产品详情

产品名称	工银理财·鑫添益私银尊享中短债每日开放净值型理财产品 19GS2815		
产品类型	固收类，非保本浮动收益型	产品期限	无固定期限
产品风险评级	PR2	产品代码	19GS2815
产品运作方式	开放净值型	募集方式	公募
成立日	2019 年 12 月 26 日	封闭期	25 天（2019 年 12 月 26 日～2020 年 1 月 20 日）
开放日（T 日）及开放时间	开放日为产品封闭期结束后的每个工作日，开放时间为开放日的 9:00 ～ 17:00	申购、赎回方式	投资者可在开放日的开放时间内提出申购、赎回申请；非开放时间提交申购、赎回申请属于预约交易，自动延至下一开放日处理
投资范围	本产品的投资范围为具有良好流动性的金融工具，包括银行存款、大额存单、同业存单、债券回购、国债、地方政府债券、中央银行票据、政府机构债券、金融债券、公司信用类债券、资产支持证券、固定收益类资产管理产品及法律法规或中国银保监会允许投资的其他固定收益类金融工具		
业绩基准	本产品为净值型产品，其业绩表现将随市场波动，具有不确定性。本产品业绩比较基准为中债总财富（1 ～ 3 年）指数收益率 ×80%+ 一年期定期存款利率（税后）×20%		

从表 4-2 中可以看到，该产品虽然为 R2 级非保本浮动收益类理财产品，但是其投资对象为收益固定、风险较低的债券、银行存款、大额存单等产品，没有风险性投资，所以大概率能够实现预期收益，可以作为投资者投资组合中的防御型产品。

（3）保本基金

保本基金是基金中的一类，从字面上可以理解到，保本基金就是指本金不会出现亏损的基金。

通常保本基金中的本金投资对象主要为固定收益类，例如定存、债券和票据等，而利息部分或极小部分的本金用于投资风险投资，例如股票，以保证基金能有一定的回报潜力。

正是因为这样的投资分配，使得保本基金无论在怎样的市场环境下，都不会低于其所担保的价格，进而达到所谓的“保本”作用。

但是，保本基金投资有以下三点需要引起注意：

①保本基金对本金的保证通常有一个“保本期限”，一般为三年或五年，对投资者投资的本金提供一定比例的本金保证，并在这个前提下有获得超额收益可能。投资者可以选择100%本金保本，也可以选择80%本金保本，选择的保本比例不同会影响最终的收益，保本比例越高收益越低。

②保本基金只保本，并不保利。保本型基金的保本只是对本金而言，并不保证基金一定盈利，也不保证最低收益。也就是说，投资者购买的基金份额存在着保本到期日仅能收回本金，或未到保本到期日赎回而发生亏损的可能。

③如果投资者在保本期限之前提前赎回，则不能享受保本保障，此时投资者只能按照赎回日的基金净值来赎回手中持有的基金份额。

需要注意的是，目前国内的保本基金通常规定的都是在认购期内购买才能保本，认购期即基金募集期。如果投资者在认购期结束后再申购基金份额，则保本基金不提供本金保障。

理财实例

建信安心保本二号混合（001858）基金分析

表4-3所示为建信安心保本二号混合产品详情。

表 4-3 产品详情

基金名称	建信安心保本二号混合	基金代码	001858
投资类型	成长型	投资风格	混合型
成立日期	2015 年 10 月 29 日	基金托管人	中信银行

在该基金的招募说明书中对保本和保本保障机制进行说明，具体内容如下：

一、保本内容

本基金第一个保本周期到期日，如按基金份额持有人认购并持有到期的基金份额与到期日基金份额净值的乘积加上其认购并持有到期的基金份额累计分红款项之和计算的总金额低于其保本金额，则基金管理人应补足该差额（保本赔付差额），并在保本周期到期日后二十个工作日内（含第二十个工作日，下同）将该差额支付给基金份额持有人，保证人对此提供不可撤销的连带责任保证。

其后各保本周期到期日，如按基金份额持有人过渡期申购或从上一保本周期转入当期保本周期并持有到期的基金份额与到期日基金份额净值的乘积加上该部分基金份额在当期保本周期内的累计分红款项之和计算的总金额低于其保本金额，则由当期有效的保证合同或风险买断合同约定的基金管理人或保本义务人将该保本赔付差额支付给基金份额持有人。

第一个保本周期的保本金额，为基金份额持有人认购并持有到期的基金份额的投资金额，即基金份额持有人认购并持有到期的基金份额的净认购金额、认购费用及募集期间的利息收入之和。其后各保本周期的保本金额为过渡期申购并持有到期的基金份额在份额折算日的资产净值及其过渡期申购费用之和以及上一保本周期转入当期保本周期并持有到期的基金份额在份额折算日的资产净值。

二、保本周期

本基金的保本周期每两年为一个周期。本基金第一个保本周期自基金合同生效日起至两年后的对应日止；本基金第一个保本周期后的各保本周期自本基金届时公告的保本周期起始之日起至两年后对应日止。如该对应日为非工作日或该公历年不存在该对应日，则顺延至下一个工作日。基金管理人将在每个保本周期到期前公告到期处理规则，并确定下一个保本周期的起始时间。

通过上述介绍可以知道，该基金为保本基金，在保本周期到期时赎回本基金，可以实现保本的目的。如果到期后，投资者持有的基金份额与基金净值的乘积加上认购并持有到期的基金份额累计分红款项之和，没有达到保本金额，那么基金管理人就差额进行赔付。

该基金后期公告称，在第一个保本周期到期后转型为普通混基，涉及改名。

这样来看，投资者想要在投资组合中寻找一个防守性强，不会对本金造成损失，又可能获得超额收益的理财产品，保本基金是一个不错的选择。

4.3 理财资产的比例配置

我们知道了不同的理财产品具有不同的投资风险之后，想要对其进行组合搭配，构建一个适合自己的投资组合，就要针对其各自的风险特性，结合自己的风险承受类型进行资产比例配置。

4.3.1 积极型投资家庭的资产配置

通常来说，期望投资报酬率在 10% 以上的投资者可以称为积极型投资者。对于这一类家庭来说，在资产配置比例上想要获得 10% 以上的投资报酬率，那么应该将绝大部分的资产投资于年化收益率在 6% ～ 15 % 的风险型理财产品中。所以，积极型投资家庭的资产配置比例可以为进攻型理财产品 70%、攻守兼备型理财产品 20%、防守型理财产品 10%。

因为激进型投资者通常家庭财务状况良好，或者因为投资期限较长，使其风险承受能力很强。因此，为了追求最大回报，愿意承受资产价格的短期大幅波动风险，甚至相对长时间的亏损。但承担的较高风险水平，在大多数情况下，也往往能够带来较高的收益回报。

故此，这种类型的投资者可以将绝大部分的资金投资于股票类资产或股票型基金等这类风险较高的理财产品。但为了保证投资的收益，需要保证资金的闲置时间，做到长期投资。此外，还需要配置一定比例的低风险投资品种，以保证资产的流动性，并降低整体风险水平。

理财实例

双白领家庭积极理财方案

陈先生和太太均为外企职员，家里有一个 10 岁正在读小学的孩子，家庭税后年收入为 40.00 万元。夫妻两人现有银行存款 20.00 万元，股市投资现值 30.00 万元，按揭住房一套总价为 200.00 万元，还剩 100.00 万元左右的贷款未还，每月按揭还款 5 000.00 元，全款自用车一辆价值 20.00 万元。

此外，家庭每月开销在 6 000.00 元左右，孩子教育费每年 1.00 万元左右，每月补贴双方父母各 2 000.00 元，每年旅行开销 1.00 万元左右。

陈先生家庭资产负债如表 4-4 所示。

表 4-4 家庭资产负债

资　产	金　额	负　债	金　额
活期存款	20.00 万元	住房贷款	100.00 万元
金融资产	30.00 万元	其他负债	0
房产	200.00 万元	负债总计	100.00 万元
车	20.00 万元	净资产	170.00 万元
资产总计	270.00 万元	负债与净资产总计	270.00 万元

陈先生家庭年度收支如表 4–5 所示。

表 4–5 家庭年度收支

收入	金额	支出	金额
工资	40.00 万元	房贷还款	6.00 万元
投资收入	—	生活开销	7.20 万元
		父母补贴	4.80 万元
		教育支出	1.00 万元
		旅行开销	1.00 万元
收入总计	40.00 万元	支出总计	20.00 万元
结余	20.00 万元		

从陈先生的家庭财务分析来看，整体财务情况比较好，有较强的储蓄能力、投资能力和偿债能力，结余比例较高。但是，从目前的投资情况来看，陈先生家的投资结构不太合理，比较单调，活期储蓄在总资产中比例较高，而其余资产的投资都是以股票为主。

对于陈先生这种家庭财务情况良好、有较高的投资意愿，且风险承受能力较强的投资者来说，比较适合积极型理财方案，具体内容如下：

1. 流动资金规划（家庭可支配收入的 10%）

因为孩子目前处于义务教育阶段，教育费用开销并不大，所以不必准备过多的现金，只要储备家庭 3 ～ 6 个月的生活开销即可。所以可以将活期存款 20 万元降至 5 万元左右。

除了考虑活期储蓄之外，还可以将资金转入货币基金或债券基金，这一类固收类投资。

2. 保险计划（家庭可支配收入的 20%）

因为夫妻两人是家庭收入的主要来源，一旦出现风险，将对孩子的教育和正常的家庭生活造成影响，所以可以为家庭增加保险保障计划。

在保险方面，可以考虑兼具人寿保险、医疗保险或是意外保险的投资类理财险，在增加保障的同时，也能获得一定的投资收益。

另外，虽然孩子目前处于义务教育阶段，教育花销不大，但是孩子进入大学或继续深造则需要大额开销，陈先生需要提前对孩子的教育资金做好规划。陈先生可以考虑教育年金险，以每年期交的方式为孩子储备教育金。

3. 股票计划（70%）

因为陈先生有长期股票投资的习惯，且承受风险能力较强，所以投资依然以股票投资为主，通过大额风险投资博取高收益。

4.3.2 稳健型投资家庭的资产配置

一般情况下，期望投资报酬率在 6% ～ 10% 的投资者属于偏稳健型的投资者。对于这一类的投资家庭，应该将其中大部分资产配置于收益率在 6% ～ 10% 的投资产品中，在长期投资组合中可以配置 50% 的债券型基金、30% 的股票或股票型基金，另外 20% 用于保本保息的低风险投资工具。

因为稳健型的投资者相比积极型的投资者来说，他对风险的关注要大于对收益的关注，希望能够在可承受的、可控制的低风险下获取稳健的收益，所以投资者的资产需要保持一个稳步上升的趋势。

稳健型投资者的投资具有以下特点：

①重仓资产追求绝对收益。稳健型投资者愿意承担的风险一定是建立在稳健收益的基础上，因此需要确保重仓部分的投资风险较低，能够给自己带来相对稳定的收益，而债券型基金就是比较适合的理财产品。

②不放弃风险投资的资产配置。虽然稳健型投资者可以承受的风险较低，但并不意味着稳健型投资者不能承担风险，相反，在确认了重仓收益之后，稳健型投资者会适当增加风险投资的资产配置，以追求更高的获利可能性。

由此可以看出，稳健型投资者理财相对比较保守，虽然具有一定的风险承受能力，但风险承受能力偏低，在理财时会选择持一种谨慎的态度。

理财实例

新婚夫妻稳健型理财方案

顾先生与妻子是一对新婚的“90后”小夫妻，顾先生每月工资10 000.00元，妻子每月工资5 000.00元。婚后两人买下首套房子，首付在双方父母的支持下付清，贷款部分由夫妻俩共同承担。目前小夫妻平均每月收入共15 000.00元，房贷除去两人公积金还需要再还2 000.00元，每月的生活开支在4 000.00元左右，这样每月两人还能余9 000.00元左右，现有存款30 000.00元。

表4-6所示为顾先生家庭月度收支。

表4-6　家庭月度收支

收　　入	金　　额	支　　出	金　　额
顾先生工资	10 000.00元	房贷还款	2 000.00元
妻子工资	5 000.00元	生活开销	4 000.00元
投资收入	—	其他开支	—
收入总计	15 000.00元	支出总计	6 000.00元
结余	9 000.00元		

从顾先生的家庭收支表来看，家庭财务比较健康，整体比较良好，有较强的储蓄能力、投资能力以及偿债能力，且每月的资金结余比例较高。

但是，基于收支表单独来看，因为顾先生的家庭生命周期处于家庭形成期，目前没有孩子，不需要支付孩子的养育、教育费用，父母还年轻，暂时没有赡养老人的压力。但是，随着时间的流逝，家庭责任会逐渐增大，所以，两人需要提前做好家庭理财准备，为之后的生活做好打算。

因为顾先生的家庭处于形成期，当前储蓄较少，承受风险能力较低，但因为夫妻两人比较年轻，且工资处于上升阶段，自身的经济压力也较小，所以投资可以偏向稳健型。具体的理财方案如下：

1. 流动资金规划

顾先生需要准备一部分家庭备用金，以应对家庭不时之需。一般家庭准备3～6个月的生活开支即可，但顾先生家可以准备5个月的生活支出，投资于货币基金享受收益。

2. 债券基金规划

两个人的月收入总额15 000.00元，除去每月必要开销6 000.00元，剩余收入可做投资。因为顾先生家庭适合稳健型投资，所以将50%做稳健型理财投资，即9 000.00×50%=4 500.00元投入债券型基金定投，其优点在于时间价值问题得以解决且形成复利利息，资金价值得以提升。

3. 股票基金规划

每月资金节余的30%投资于收益率增值理财，如股票型基金或混合基金等中高风险的投资产品，博取更高的收益。

4. 保本保息固收计划

最后20%的资金投资于银行短期理财或货币型基金等流动性较高的收益稳定的产品。

4.3.3 保守型投资家庭的资产配置

通常，期望投资报酬率在6%左右的投资者属于偏保守型的投资者，这一类投资者会将大部分的资产配置于年收益率在5%～7%的投资产品中。在长期的投资组合中，更倾向于将60%的资金投资于保本保息的低风险理财工具，然后25%的资金配置债券型基金，剩余15%的资金则配置于风险较高的股票型基金。

保守型投资者在投资理财规划中对风险非常严苛，因为其自身承受风险的能力较弱，所以不管是投资组合比例配置，还是理财产品选择，都会首先考虑投资的安全性；其次，还要考虑投资的期限和资金的流动性。

所以，在这样的投资需求下，一些流动性较强的、风险较低的理财工具更能得到保守型投资者的青睐。

理财实例

杨女士保守型家庭理财方案

杨女士30岁，目前每月收入4 000.00元。老公每月税后收入6 000.00元，夫妻两人都有社保。育有一子，现已3岁，平时由爷爷奶奶照顾。家庭每月生活开支2 000.00元，其他月开支500.00元，每月给爷爷奶奶孩子照顾费2 000.00元。目前家庭有活期存款2.00万元，定期存款10.00万元，自住房一套价值80.00万元，还有30.00万元的贷款，每月还贷款2 500.00元。

表4-7所示为家庭每月收支。

表4-7 家庭月度收支

收　入	金　额	支　出	金　额
先生工资	6 000.00元	日常生活	2 000.00元
妻子工资	4 000.00元	孩子照顾	2 000.00元
		其他	500.00元
		房贷还款	2 500.00元
收入总计	10 000.00元	支出总计	7 000.00元
结余	3 000.00元		

表4-8所示为杨女士家庭资产负债。

表4-8 家庭资产负债

资　产	金　额	负　债	金　额
活期存款	2.00万元	住房贷款	30.00万元
定期存款	10.00万元	其他负债	0

续表

资　　产	金　　额	负　　债	金　　额
自住房产	80.00 万元		
		负债总计	30.00 万元
资产总计	92.00 万元	净资产	62.00 万元

从杨女士的家庭财务表可以看到，夫妻二人虽然收入比较稳定，但是收入并不高，每年收入总计 12.00 万元，结余 3.60 万元，结余率为 30%，所以整体处于比较健康的状态。

虽然杨女士家的资产达到 92.00 万元，但是其中大部分为负债资产，除去住房资产外，可以用于投资的资金并不多。因此，杨女士家庭能够承受的投资风险较低，且杨女士个人属于保守型投资者，所以更倾向于保守型的投资，具体理财方案如下：

从目前的投资来看，杨女士的投资主要是活期储蓄和定期储蓄，分别为 2.00 万元和 10.00 万元。这样的结构虽然风险较低，比较安全，但是收益率也过低，并不适合。

结合每年结余，杨女士每年可用于投资理财的资产共有 156 000.00 元（20 000.00+100 000.00+36 000.00），可以将其中 60% 的资金投资于低风险的保本保息类投资，25% 的资金投资于风险相对比较稳定的债券投资，剩余 15% 左右的资金投资于股票型基金。

在具体的保本保息产品选择上，可以将定期存款转为银行固定理财，年化收益率更高、更划算。156 000.00×60%=93 600.00（元），也就是说，杨女士可以将 9.00 万元或 10.00 万元左右的资金做保本保息产品投资。

然后，剩余部分的存款 3.00 万元或 2.00 万元可以购买债券基金，使资金能够稳健增长。最后每月收入结余可以定投的方式，投资股票基金，分摊投资成本，风险更低，也能追求高收益。

通过以上家庭投资理财方案，杨女士可以实现家庭资产的保守理财，在低风险的前提下，稳健增值。

理财贴士 *不同投资类型的资金比例配置问题*

投资者需要注意的是，虽然不同的投资类型其投资比例配置不同，但在实际投资中还要考虑个人投资风格进行资金配置。也就是说，资金比例比较灵活，前面介绍的是比较典型的投资类型常用的资金比例，但并不固定，投资者在实际投资中可以根据实际情况进行调整。

4.4 投资理财中的风险控制

我们知道股票投资和股票基金属于价格波动变化大、风险大的一种投资，那有没有办法对这些高风险的投资进行风险管理，进而降低投资风险呢？答案是肯定的，本节就来介绍如何对高风险的理财产品进行风险控制。

4.4.1 及时止盈止损，克服贪婪与恐惧

都说股市投资风险大，但其中最大的风险来自于人性，很多投资者在股价大幅上涨后的顶部高位不离场，期待后市的进一步拉升，结果行情急转直下，被深套其中，这就是贪婪导致。还有的投资者在熊市行情中遭受打击，在可以解套离场的位置继续坚持持有，进而被深套，遭受更大的打击，这就是内心恐惧导致。

而止盈止损的出现则可以很好地规避这一些风险。止盈，从字面上来理解为停止盈利，即见好就收，尽可能锁定已获盈利；止损，为割肉，指当投资出现的亏损达到一定的数额时，及时斩仓出局，避免造成更大的损失。

止盈止损的方法可以分为静态止盈止损法和动态止盈止损法两种，下面依次分别介绍。

（1）静态止盈止损法

静态止盈止损法就是投资者提前设定具体的止盈目标和止损目标，一旦投资达到该目标时，就要坚决止盈止损的决心，及时操作。

静态止盈位就是投资者的心理目标位置，其设置的方法主要依赖于投资者对大势的理解和对个股的长期观察，以及个人的理财需求，当股价涨到该价位时，立即获利了结。

静态止损则是根据投资者的风险承受能力和对个股走势评估制定的，一旦股价跌至止损位则立即离场。

这种止盈止损方法比较适合于中长线投资者，即投资风格稳健的投资者。对于进入股市时间不长、对行情研判能力较弱的新手，需要适当降低止盈位的标准，提高操作的安全性。

在前面一章基金定投结束时间确定中，目标投实际上就是采用的这种静态止盈法。

（2）动态止盈止损法

动态止盈止损法是指不固定止盈止损的幅度或价格，而是根据市场走势变化来确定止盈止损时机。动态止盈止损难度更大，需要灵活地应对市场变化，准确抓住市场信息，所以更适合投资经验丰富、分析能力强的投资者。

动态止盈的最常见分析方法是技术分析，利用技术分析对市场趋势、拐点和市场热度进行观察分析，从而确定止盈止损点，具体如下：

◆ 均线止盈止损法

均线具有跟随趋势的特点，均线向上，则说明趋势向上，均线向下，则说明趋势向下，所以我们可以利用均线来止盈止损。在上升行情中，均线是尾随股价上升的，一旦股价掉头击穿均线，则说明趋势转弱，投资者要立即止盈离场。

我们知道，均线根据周期长短的不同，可以分为 5 日均线、10 日均线、20 日均线、30 日均线、60 日均线和 120 日均线等，分别代表了短期均线、中期均线和长期均线。那么在利用均线做止盈止损时应该如何来选择呢？

首先，投资者要明确一点，5 日均线和 10 日均线是投资者买卖操盘时的参考线，而 20 日均线、30 日均线和 60 日均线等是用于判断中、长期趋势的。所以，应该用 5 日均线和 10 日均线来进行判断。具体操作如下：

①股价跌破 5 日均线为强势股止盈位，特别对于打板做日内超短线的投资者来说，跌破 5 日均线必须离场。

②股价跌破 10 日均线为短线止损位，如果跌破 5 日均线时，投资者没有离场，那么跌破 10 日均线后，是第二次离场止损信号。

③股价跌破 20 日均线为波段止损位，该股可能行情变盘。

图 4-3 所示为均线止盈止损策略。

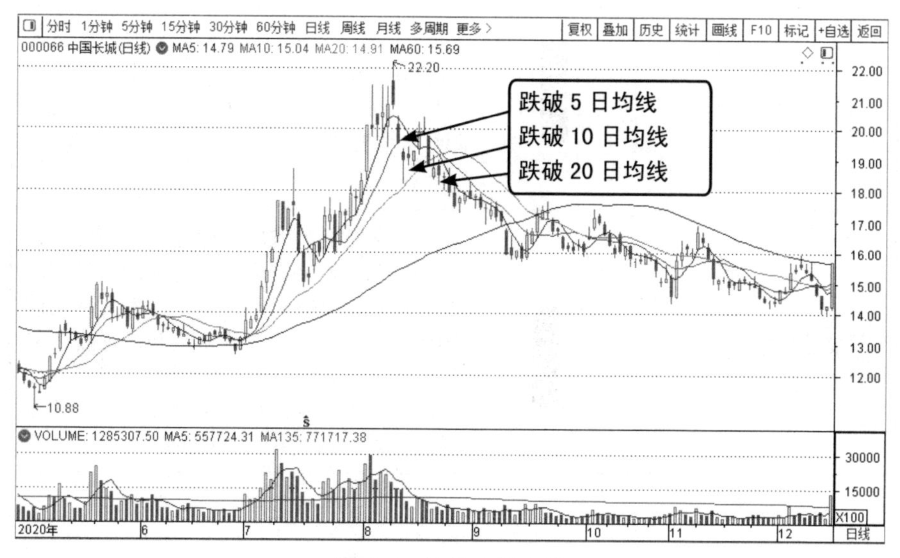

图 4-3 均线止盈止损

从图 4-3 中可以看到，股价止涨下跌并跌破 5 日均线，投资者止盈位出现，投资者应在此位置积极离场，锁定前期收益；随后股价继续下跌，并跌破 10 日均线，投资者的第二次止损信号出现，前期没有离场的投资者在此位置应立即离场；之后股价继续下跌，并跌破 20 日均线，说明该股趋势发生变化，转入下跌趋势之中。

◆ K 线组合形态止盈止损

K 线组合指单根或多根 K 线在股价运行过程中会形成一些具有指示意义的 K 线组合，投资者可以通过这些形态来进行止盈止损操作。常见的一些 K 线组合形态如表 4-9 所示。

表 4-9　K 线组合

名　称	形　态	意　义
黄昏之星		黄昏之星由三根 K 线组合而成，它表示股价回落，是卖出信号。第一根 K 线是处在上升趋势中的大阳线或中阳线，第二根 K 线是跳空高开、实体短小的小阳线或小阴线，第三根 K 线为阴线，它的开盘价低于第二根 K 线的开盘价
乌云盖顶		乌云盖顶由两根一阴一阳的 K 线组成，阴线在阳线收盘价之上开盘，在阳线实体内收盘，形成乌云盖顶之势，显示行情走软，阳线实体被阴线覆盖的越多，表明买气越弱，空方攻击力度越大
黄昏十字星		由三根或四根 K 线组合而成，属于重要的见顶信号，在趋势连续上涨之后出现得较多。基本形态为三根 K 线，第一根为大阳线或中阳线，第二根 K 线跳空高开，收盘十字线报收，十字线与第一根阳线之间留有高开缺口，第三根 K 线跳空低开，并且低开低走，收一根大阴线或中阴线

续表

名　称	形　态	意　义
双飞乌鸦	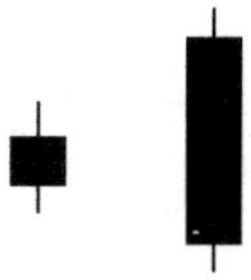	上升行情中出现的见顶回落信号，由两根K线组成，第一根K线跳空高开后却仍以阴线报收，而第二根阴线也是跳空高开，且实体部分较长，与第一根阴线类似穿头破脚的图形
三只乌鸦	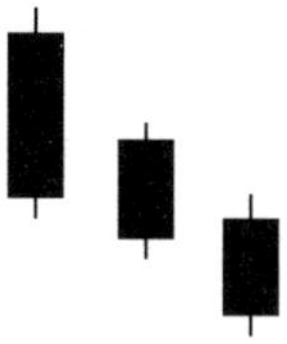	三只乌鸦是股价上升行情中的见顶回落信号，由三根大阴线或中阴线组成，股价惯性上冲，在高档连续两次高开低走形成的阴线组合，接着再拉一根下降阴线
顶部穿头破脚	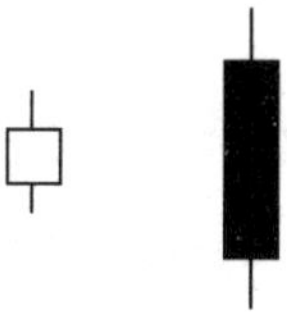	顶部穿头破脚是上升行情中的见顶回落信号，由两根K线组成，第一根为上升趋势中出现的阳线，第二根为阴线，且实体的长度将第一根阴线的实体全部包含，第二根阴线的实体越长，说明股价下降的动力也就越大
空头尖兵		空头尖兵通常出现在下降行情中，由多根K线组成，第一根K线为阴线，且带有较长的下影线。随后是一连串走平或向上反弹的小阴、小阳线，这些K线的数量没有限制。整理过程中一般不会超过第一根阴线的最高价。最后一根是大阴线，大阴线的收盘价向下跌破了第一根K线的最低价
三空阳线	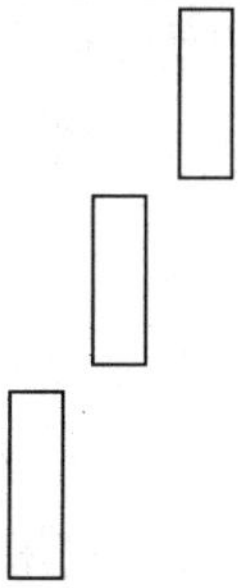	三空阳线由三根大阳线连续跳空形成，三空阳线一般出现在股价上涨走势的后半段，是上涨动力的集中释放，也是市场处于极高人气的表现。因为三空阳线的出现极大地消耗了市场买方的力量，所以之后股价常常见顶

◆ 长期K线形态止盈止损

前面我们在介绍短线 T+0 操作时，介绍到股价分时走势会形成多种具有指示意义的形态，包括双重顶、头肩顶和三重顶等形态。这些形态同样也可以用在 K 线的走势图中，投资者可以通过这些形态来做股票投资止盈止损操作。

以上介绍的是市面中较常见、应用较多的止盈止损方法。当然，在实际的投资中还有很多止盈止损方法，投资者从中选择适合自己的方法即可。

4.4.2 做好仓位管理，利用仓位来避险

仓位管理其实是对投资资金的管理。所有投资者都希望能够买在最低点，卖在最高点。

但是，实际上我们无法准确地预测未来市场的走势变化，所以出于对风险的考量，我们可以对入场和离场的资金进行管理，分散持仓，分批买进，分批卖出，虽然没有一次性买在最低位、卖在最高位的收益高，但却避免了买在最高位、卖在最低位的情况。这样的仓位管理能够有效控制并降低投资风险。

此外，很多投资者之所以在股市中投资效果不佳，原因在于股市涨跌变化大且快，而投资者自身无法从容地应对股价的波动变化。但是，如果投资者做好仓位管理，就能从容地应对股价正常波动，将损失合理地控制在可承受范围之内。市场永远都处于不断的波动变化中，如果投资者无法冷静、客观、理智地应对，势必会对自己的投资决策产生影响。以下介绍常见的三种仓位管理方法。

（1）金字塔形仓位管理法

金字塔形仓位管理法指投资者初始进场的资金量比较大，后市如果

行情以相反的方向运行，则不再加仓，但后市如果行情按照预测上涨方向发展，则逐步加仓，且后市随着股价的上涨，加仓的比例也会越来越小。

这样的加仓方式使得仓位呈现出下方大、上方小的形态，所以叫作金字塔形仓位管理法。金字塔仓位管理分为金字塔买入法仓位管理和倒金字塔卖出仓位管理。

图 4-4 所示为金字塔买入法仓位管理示意。

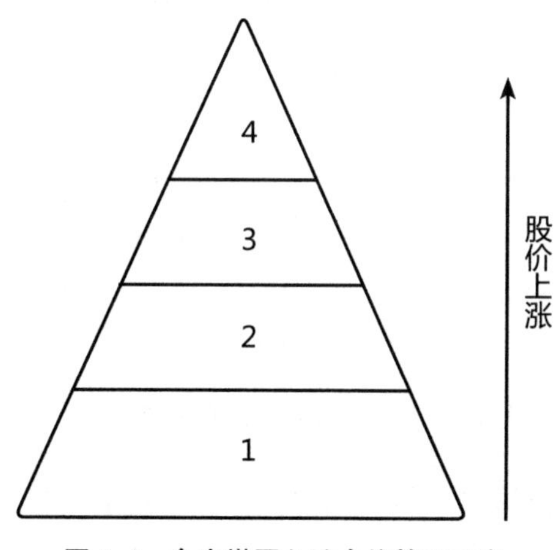

图 4-4　金字塔买入法仓位管理示意

从图 4-4 中可以看到，金字塔买入法仓位管理中投资者第一次重仓买进，随后逐次少量加仓，呈现出下方大、上方小的金字塔形。但若买进后股价下跌就不加仓了，且如果股价继续下跌至投资者的心理止损点就抛售持股。

图 4-4 中将投资资金分成了四份逐次添加，在实际的投资中比例可以进行调整，例如分成五份或三份等，只要满足初始进场的资金量大，后加仓量逐渐减小即可。

金字塔形买入法的优势在于，在低价时买得多，高价时买得少。虽然不如一次性全仓获利多，但能降低因股价下跌带来的风险。

倒金字塔卖出仓位管理与金字塔买入法仓位管理相反，它是下方较小，越往上越大，主要用于看空股价时卖出的资金比例管理。倒金字塔卖出仓位管理与正金字塔买入正好相反。

图 4-5 所示为倒金字塔卖出法仓位管理示意。

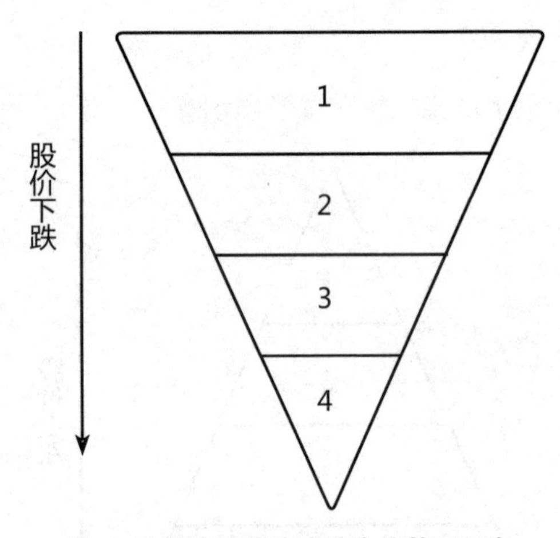

图 4-5　倒金字塔卖出法仓位管理示意

从图 4-5 中可以看到，股价出现拐头下跌迹象时投资者卖出大部分持股，随后继续下跌就逐步分段卖出持股。如果股价止跌回升，可停止卖出、重仓买进。其中的比例同买入法一样，可以根据实际情况进行调整。

倒金字塔形卖出法的优势在于，高价时卖出得多，低价时卖出得少，虽然不如一次性空仓获利多，但能减少因股价上涨带来的踏空风险。

（2）漏斗形仓位管理法

漏斗形仓位管理法与金字塔形买进法相反，它初始进场资金量比较小，如果行情按照相反方向运行，则逐渐加仓，且加仓的比例逐渐增大。在这样的加仓方式下，仓位呈现下方小、上方大的形态，像一个漏斗，所以称为漏斗形仓位管理法。

图 4-6 所示为漏斗形仓位管理示意。

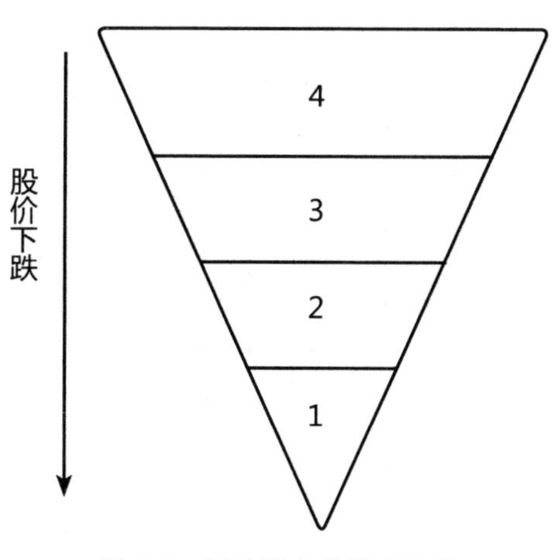

图 4-6 漏斗形仓位管理示意

从图 4-6 中可以看到，在漏斗形仓位管理中，投资者第一次建仓体量较小，随着股价下跌投资者逐渐加大加仓的体量，加仓比例越来越大。

漏斗形仓位管理的优势在于，初始建仓时资金量较小，风险较低，在不爆仓的情况下，漏斗越高，则投资者的利润就越可观。但是，该方法对投资者的心理素质要求较高，因为漏斗形仓位管理需要建立在后市走势与判断一致的前提下，如果方向判断错误，或者方向的走势不能越过总成本位，就会陷入无法获利出局的局面，所以投资者承担的风险较大。

（3）矩形仓位管理法

矩形仓位管理是一种固定比例加仓法，即投资者首次入场建仓时的资金量占总资金的比例为固定比例，之后行情持续上行，就按照这个固定比例加仓。

图 4-7 所示为矩形仓位管理示意。

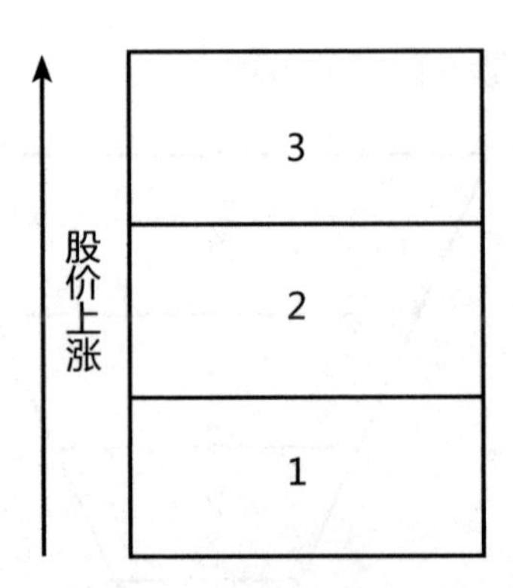

图 4-7　矩形仓位管理示意

根据加仓的次数比例不同，可以分为二分之一仓位或三分之一仓位，图 4-7 中展示的是三分之一仓位。这是一种比较最简单的仓位管理方法，即将资金分为三部分，如果市场行情趋势向好就逐次加仓至满仓，具体各个仓位的使用方法如下：

①第一个三分之一仓通常应用在市场行情低迷或者是熊市末期，以短线操作为主，快进快出，高抛低吸。如果买进后，趋势明显向好则可以中线持有，如果前途不明，则短线获利了结。

②第二个三分之一仓通常应用在第一个三分之一仓已经获利，趋势明显向好，脱离底部区域，且无风险的情况下，则可以加入第二个三分之一仓。此时以中线操盘为主，紧跟庄家步伐，一旦发现主力有减仓迹象，则立即获利了结。

③第三个三分之一仓应用在前两个三分之一仓已经获利，且趋势明显向好的情况下，才可以加仓。

矩形仓位管理的优势在于：首先，一旦遭遇股价回落，不至于全部仓位遭遇被套。其次，利用逐渐加仓的方式摊薄成本，大幅降低了投资风险。最后，如果股价按照预期上涨方向发展，则已持有一定比例的仓位仍有获利空间，还可以利用调整过程适时加仓，这样使得投资操作的主动性更强。

但是，如果后市股价按照相反的方向发展，投资者就要停止加仓，如果超过止损点就要抛售持股。

理财实例

金字塔加仓法买进湖北宜化（000422）的分析

图 4-8 所示为湖北宜化 2019 年 5 月至 2020 年 12 月的 K 线走势。

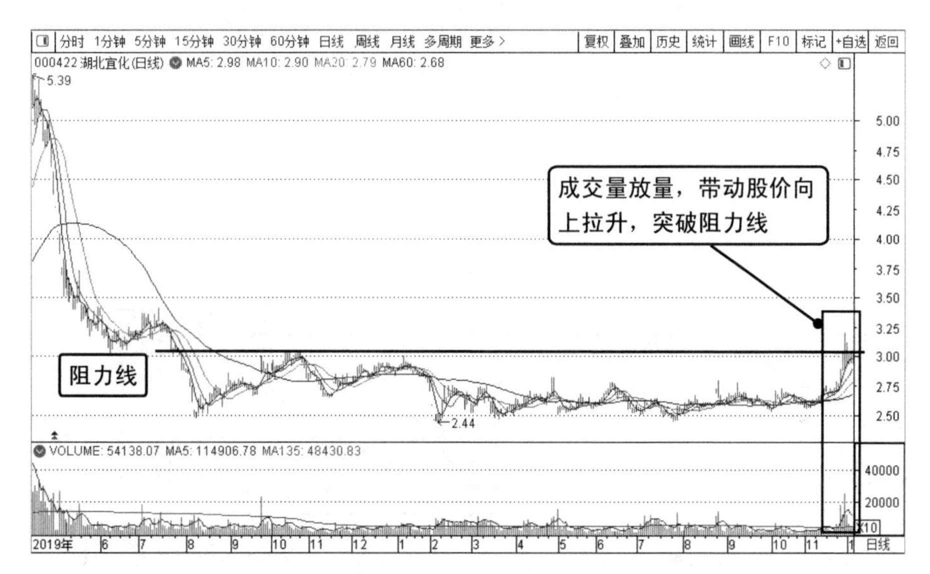

图 4-8 湖北宜化 2019 年 5 月至 2020 年 12 月的 K 线走势

从图 4-8 中可以看到，该股处于下跌趋势中，股价从 5.39 元的位置快速下滑，跌至 2.50 元价位线附近后止跌，随后便开启了长达一年左右的横盘波动走势，股价长期在 2.50 ～ 3.00 元波动，且波动的幅度越来越小。

此时，观察成交量发现，在股价横盘过程中，成交量表现缩量，市场冷清。由此可以说明，在股价下跌过程中，空头势能释放完全，股价筑底的可能性较大，后市一旦有主力资金介入，该股就可能迎来一波上涨行情。

2020 年 11 月底，投资者发现成交量出现放大迹象，带动股价向上拉升，均线系统的短期均线、中期均线和长期均线自上至下呈多头排列，说明场内可能有主力资金入场拉升股价，后市可能迎来一波上涨，此时为投资者的买进机会。

但是，仔细观察可以发现3.00元是一个强有力的阻力位置，该股股价多次上冲至3.00元价位线受阻回落，如果这一轮上涨不能有效突破3.00元阻力位，则该股很有可能再次转入横盘波动中。鉴于该位置确实出现了准确的买进信号，但不能确定信号的强弱，所以投资者决定采用金字塔加仓买进法，在该位置少量买进，加入20%的仓位，等到后市涨势明显再加仓。

图4-9所示为湖北宜化2019年10月至2021年3月的K线走势。

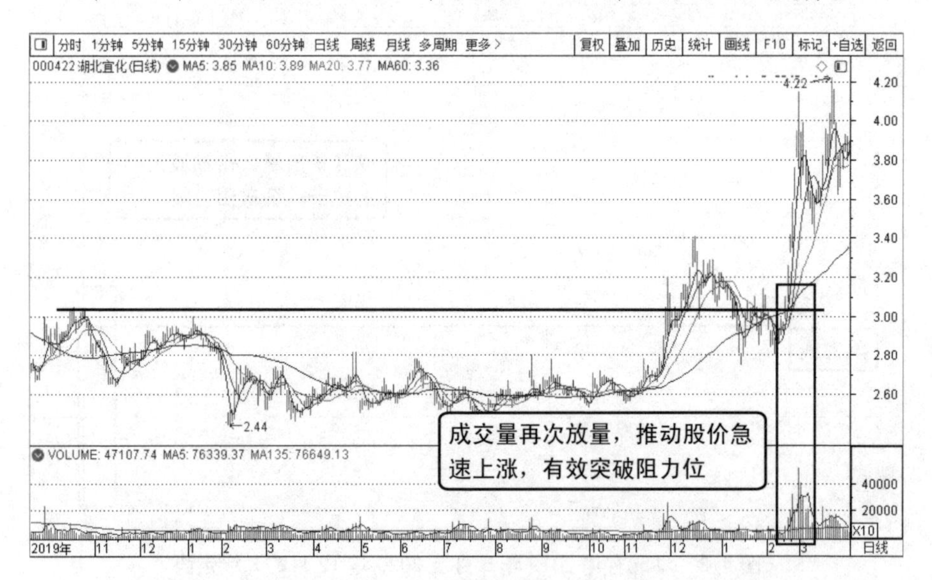

图4-9　湖北宜化2019年10月至2021年3月的K线走势

从图4-9中可以看到，2020年12月上旬股价上涨突破3.00元阻力位后，成交量并未持续放量支撑上涨，所以股价上涨至3.40元后止涨下跌。2021年2月下旬，成交量再次放出巨量，K线连续收出多根向上跳空高开高走的大阳线，使股价大幅上涨，有效突破3.00元价位线，说明该股有主力资金介入，后市拉升在即，投资者可以在股价止涨回调时买进，此次跟进30%的比例。

图4-10所示为湖北宜化2020年11月至2021年5月的K线走势。

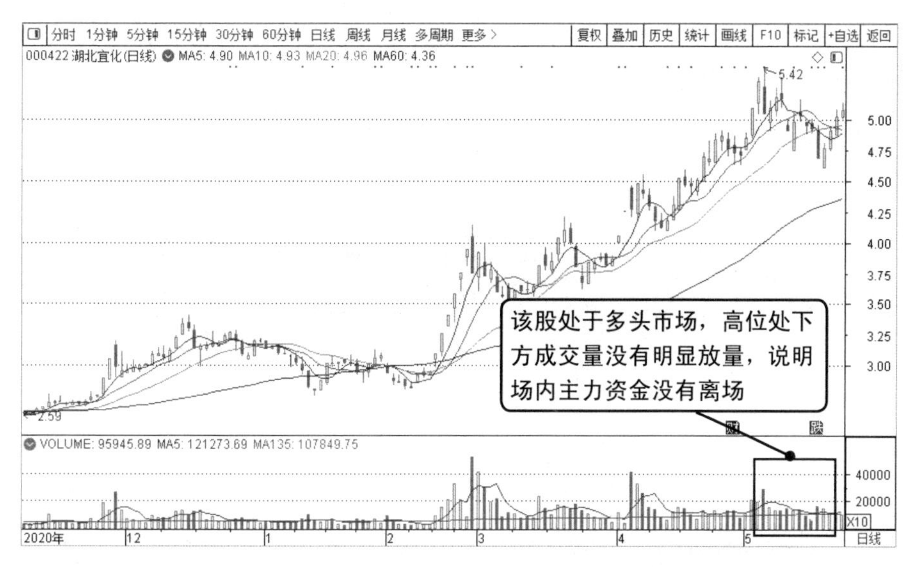

图 4-10 湖北宜化 2020 年 11 月至 2021 年 5 月的 K 线走势

从图 4-10 中可以看到，该股随后转入稳定震荡上升的走势中，均线系统呈明显的多头排列，说明当前市场正处于牛市行情之中。2021 年 5 月初，股价创下 5.42 元的新高后止涨小幅下跌，此时是不是股价见顶了呢？

我们查看下方的成交量发现，股价止涨下跌的过程中，成交量并没有出现明显的放量迹象，说明场内的主力资金并没有离场。

此外，仔细观察可以发现，虽然 5 日均线和 10 日均线拐头向下，但又迅速出现拐头向上迹象。说明此时的下跌并非股价见顶，而是主力为了更好地拉升股价所做的调整，后市极有可能迎来一轮大幅上涨行情，投资者可以在此位置积极跟进，投入 50% 的仓位。

图 4-11 所示为湖北宜化 2020 年 12 月至 2021 年 7 月的 K 线走势。

从图 4-11 中可以看到，股价在 5.00 元价位线附近止涨，小幅回调后便又继续上涨，且涨幅巨大，1 个月左右的时间股价从 5.00 元附近向上拉升至最高 9.37 元，涨幅达到 87%。

总的来看，虽然金字塔仓位管理法的投资收益不如投资者在最低位置重仓买进、在最高位置卖出的收益高，但是金字塔仓位管理是一种顺势而为的操作方法，即在进一步确定了上涨行情之后逐渐加大仓位，这样的加仓方法更稳妥、投资风险更低。

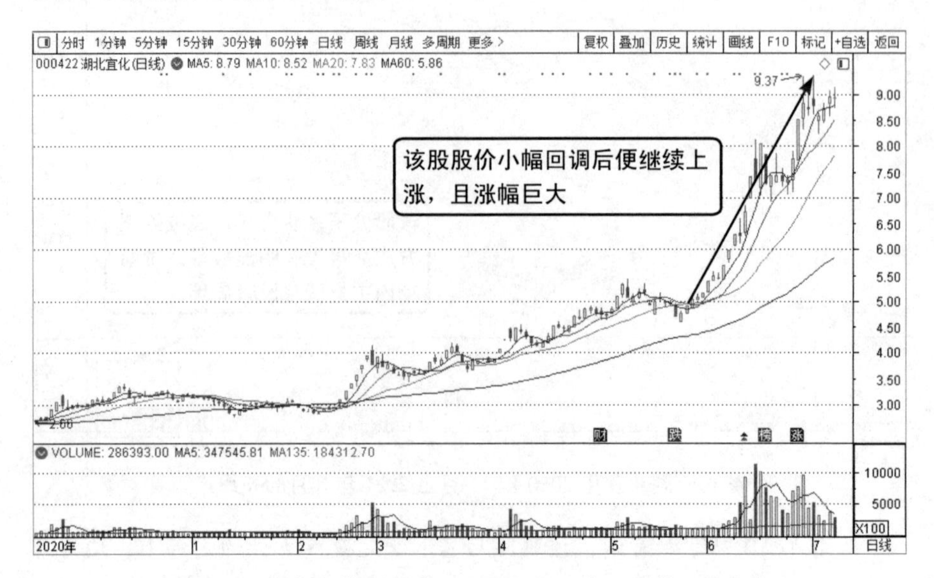

图 4-11 湖北宜化 2020 年 12 月至 2021 年 7 月的 K 线走势

第5章

借助不同产品的特点做组合搭配

除了不同类的理财产品可以相互组合搭配之外，其实在同一类理财产品中也分为不同种类，可以利用各自具有的不同特点做组合搭配，这样一来，可以进一步降低投资的风险，也能提高投资组合的稳健性。

5.1　认识组合基金

我们知道基金根据其投资对象的不同可以分为货币基金、债券基金、股票基金及混合基金等。而组合基金是指同时投资多个标的基金的基金理财方式。

随着金融市场的不断拓展，基金作为市场上最常见的金融产品之一，受到众多投资者的青睐。但是，随着新基金的不断增加，市场中的基金数量不断增多，投资者越来越难从中选择到自己真正心仪的基金，于是基金组合渐渐发展成为一种新的投资模式而受到投资者的喜爱。

5.1.1　基金组合投资具有的特点

基金组合即投资者将投资于基金的资金分别同时投资于不同类型的基金中，以降低整体收益波动幅度的方式，来增强基金投资的稳定性，从而降低投资风险。

下面我们通过直接对比单只基金与基金组合投资的区别，来查看基金组合投资具有的特点。

（1）风险方面

基金作为标准化的投资工具，其投资方向和领域都会在合同中明确规定，基金经理的投资操作需要按照合同的规定进行。以股票基金为例，股票仓位不能低于 80%，即便市场处于熊市，股价不断下跌，基金经理也不能减少股票持仓比例。

但是，基金组合则不同，相比单只基金而言，基金组合更加灵活，不仅可以灵活搭配股票基金和债券基金比例，以应对不同的市场行情变化，还可以搭配多种风格的基金以实现组合均衡的特点，最终达到分散投资风险的目的。

（2）平衡再优化

投资从来都不是一蹴而就的，需要根据市场的变化不断调整优化。但单只基金由于持仓集中度较高或投资风格相对比较固定，所以使得单只基金在适应行情方面表现较弱，所以投资优化调整的动作较大，通常以转换基金为主。

而基金组合则可以通过动态调仓来实现行情适配，即在投资过程中投资者可以根据市场的变化灵活地对组合进行调整，包括调整仓位和更换标的，使基金组合能够不断优化。

（3）对冲抵御风险

基金组合投资相比单只基金而言，优势在于可以通过不同基金组合形成对冲，以抵御系统性风险带来的损失。当市场环境较差，个股股价普遍下跌，场内股票型基金基本处于下跌走势中，如果此时基金组合中配售固收类基金（货币基金或债券基金）就能够形成对冲，抵御系统性风险带来的损失。

总的来看，基金组合投资最主要的优势是降低投资风险，相比单只基金投资风险更低，也更适合长线投资。

5.1.2 基金的组合搭配法

基金组合实际上是一个基金组合的过程，需要投资者在数以千计的基金市场中选择适合的基金构建成自己的基金组合。在搭配基金组合时要注意从以下几个方面入手：

（1）基金种类搭配

基金种类搭配是基金组合中最基础，也是最需要考虑的一个部分。我们知道基金分为不同的种类，包括股票基金、债券基金、货币基金和保本基金等。

投资者需要根据这些不同基金具有的特点进行组合搭配，并根据市场的变化适时调整不同种类基金的比例。

常见的基金种类组合如下：

货币基金 + 债券基金 + 股票基金 = 基金组合

货币基金 + 指数基金 + 股票基金 = 基金组合

货币基金 + 混合基金 + 股票基金 = 基金组合

（2）新老基金搭配

新基金是指刚刚发行的，还处于募集期的基金，投资者需要通过认购的方式来购买基金份额。新基金完成募集，募集期结束之后就会进入封闭期。相比老基金而言，新基金的投资成本更低（新基金认购费比上市之后的申购费更低）。

但是，投资者不必一味地追求新基金，而应该权衡自己的基金组合。如果新基金的产品设计是原来市场中没有的新产品，或者不是投资者个人现有的基金组合的同类产品，则可以适当购入新基金。

（3）投资风格搭配

基金投资风格是指根据基金持仓股票的市值和成长性两个维度来对基

金进行分类，也就是大家经常在基金投资网中看到的基金风格九宫格。

基金九宫格也称为晨星投资风格箱法，该方法将影响基金业绩的两项因素列举出来：基金投资股票的规模和风格，以基金持有的股票市值为基础，把基金投资股票的规模风格定义为大盘、中盘和小盘；以基金持有的股票价值－成长特性为基础，把基金投资股票的价值－成长风格定义为价值型、平衡型和成长型。

◆ 大盘、中盘和小盘的意义

①大盘股指沪深股市中，前100只规模最大的股票，如指数中的上证50、中证100，都属于大盘股。

②中盘股指沪深股市中，除了上面100只之外，规模其次的200只股票，比如中证200。

③小盘股指沪深股市中，除了上面300只股票之外的其他股票，比如中证500。

大盘股、中盘股和小盘股的区别在于，小盘股的股票波动较大，也容易受到大资金的控制，而大盘股则相对更稳定，难以出现大涨大跌的情况。

◆ 价值、平衡和成长型基金的内容

①价值型基金，通常追求稳定的经常性收入，一般以大盘蓝筹股为主，例如一些金融、公共事业的股票。

②成长型基金，以追求资本增值为目的，主要以具有良好增长潜力的股票作为投资对象，例如新兴行业或科技行业等。

③平衡型基金，是基于以上两种类型中间的基金。

这三种类型的基金，从风险来看，成长型基金的风险最大，价值型基金的风险最低。

然后将它们分别进行纵向和横向排列，如图 5-1 所示。

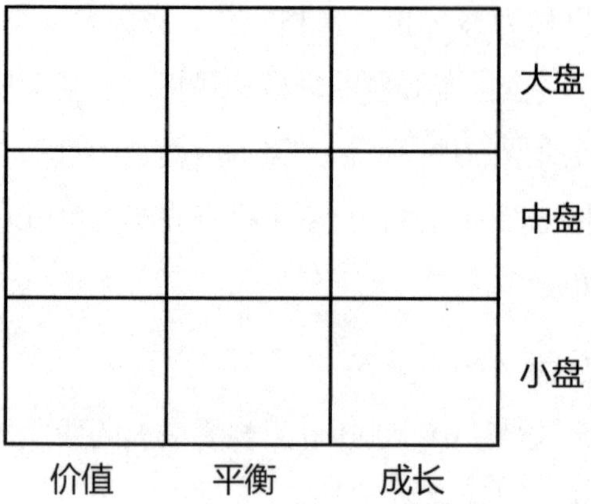

	价值	平衡	成长
大盘			
中盘			
小盘			

图 5-1　基金风格九宫格

从图 5-1 中可以看到，投资风格中风险最大的是右下角小盘成长型，风险最低的是大盘价值型。

投资者在基金组合中应该对多种基金风格进行组合搭配，选择风格差异较大的产品，避免过度重复。如果投资者选择的基金投资风格过于相同，投资风险比较集中，那么基金组合则不能起到真正意义上的降低投资风险的目的。

（4）投资方式搭配

基金投资方式分为一次性买进、分批买进及定投买进。投资者在搭配基金组合时，除了基金产品组合搭配，在基金投资方式上也可以考虑搭配。例如，债券基金可以一次性买进，而股票基金则可以分批入场，首先可以投入三分之一资金，如果市场下跌，则追加买进三分之一资金，如果买进后，市场继续下挫，则再追进三分之一资金。一旦市场触底回升，投资者则可以快速获得收益。

也就是说，投资者在搭建基金组合时，不仅要考虑基金产品类型和时机，还要考虑投资风格等，才能搭建出真正合理的基金组合。尤其需要注意的是，不要因为盲目追求收益而忽略了投资风险。

5.1.3 搭建基金组合的注意事项

好的基金组合能够让投资者实现收益最大化，但同时不好的基金组合不仅不会提高投资者的收益，降低投资风险，还会加重投资者的负担，包括精神负担和经济负担。所以，投资者在搭建基金组合时要注意以下事项，避免踩雷。

（1）基金的数量要合理

我们知道将投资资金分散在不同的单只基金中可以降低投资风险，所以原则上单只基金的数量越多，风险越分散，投资者的投资风险也就越低。

但是，要知道凡事过犹不及，基金组合也是如此。大部分投资者都不是专业的投资者，而是普通的上班族，以上班之后的闲余时间来做投资，所以基金数量不宜过多，否则对朝九晚五的上班族来说，时间和精力都是有限的，不能对基金组合进行很好的管理，容易导致亏损。一般来说，个人投资者搭建的基金组合中基金数量最好在五只以内。

（2）单只基金之间关联性低

搭建基金组合的核心在于分散投资，降低风险，这就要求投资者在选择基金时要充分分散，即单只基金之间关联性要低，包括行业分散、基金公司分散、投资风格分散、种类分散和板块分散等。这样搭建的基金组合风险更低，也更平衡。

（3）考虑自己的风险承受能力

我们知道基金的类型有很多，不同的基金其投资风险程度不同。投资者在搭建基金组合时要充分考虑自己的风险承受能力，如果是积极型的投资者，则可以加大股票型基金的投资比例，但如果是稳健型的投资者，则应该加大债券基金和混合基金的投资比例。

（4）根据市场调整基金组合

基金受到市场影响较大，所以无论是什么类型的投资者，在搭建基金组合时都不能忽略市场的趋势走向。

当市场处于熊市时，投资者应多配置债券型基金，使基金组合更稳健，以抵御市场风险；但当市场处于牛市时，投资者应多配置股票型基金，提高基金组合的收益能力。

5.2 常见的基金组合形式

不同的投资者其投资目标和投资风格不同，最终搭建的基金组合也不同。在前面的内容中介绍了许多搭建基金组合的方法和注意事项，这里我们介绍几种实用性较强的基金组合模型，投资者可以按照这些模型进行组合搭配，以得到平衡的基金投资组合。

5.2.1 哑铃式基金组合

哑铃式基金组合是指选择两种完全不同风险和收益特征的基金类型进行组合，也就是常说的选择两个相关性较低的基金进行组合，这样可以回避一些市场波动带来的损失。例如“股票基金 + 债券基金”“大盘基金 + 中小盘基金”“价值型基金 + 成长型基金”等。

图 5-2 所示为哑铃式基金组合示意。

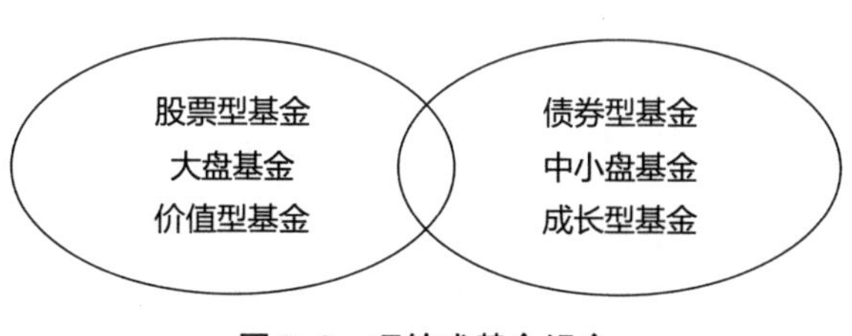

图 5-2 哑铃式基金组合

哑铃式基金组合结构非常简单，投资者实际可操作性较强，且两种风格完全不同的基金进行组合能够形成优势互补，进而达到风险规避的目的。

5.2.2 核心卫星式基金组合

核心卫星式基金组合是一种比较灵活的基金组合方式，首先在组合中选择一个长期业绩突出、表现优异且比较稳健的基金作为核心，然后再选择一些短期业绩突出的基金作为卫星，结构如图 5-3 所示。

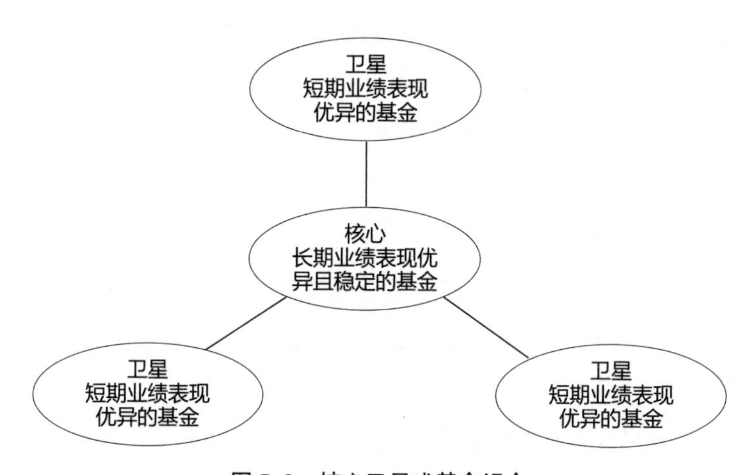

图 5-3 核心卫星式基金组合

核心卫星组合结构以核心作为稳定组合的重心，以卫星来调整组合的变化，以增强组合的收益性。这样的组合形式能够在保证组合长期稳定发展的情况下，还能保留基金组合的灵活性。

5.2.3 金字塔基金组合

金字塔式的基金组合是运用最频繁也是最为广泛的一种基金组合形式。投资者首先在金字塔的底部配置稳定性能较好的债券和货币型基金，然后在腰部配置指数型基金，最后在金字塔的顶端配置高成长性的股票型基金，结构如图 5-4 所示。

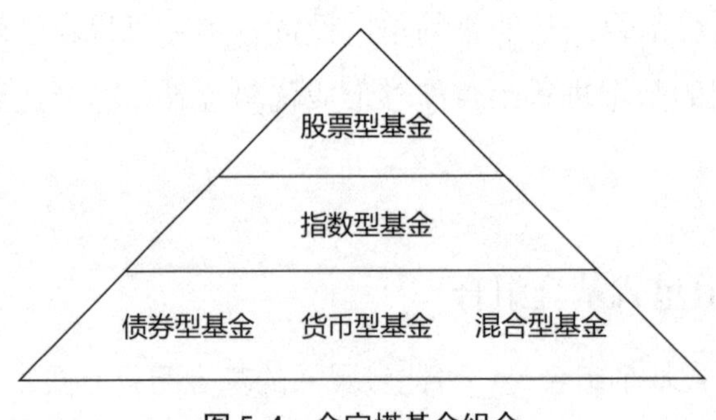

图 5-4 金字塔基金组合

金字塔基金组合就是大量配置较稳健的债券基金、货币基金，作为金字塔的底层，构建组合的底部，为组合打好坚实的基础，通常在 50% 左右的比例；再适量配置一些风险适中的灵活配置型基金，通常比例在 35% 左右；最后以高风险的投资来博取高收益，作为金字塔顶层，投资比例在 15%左右。

当然，基金组合的比例都不是固定不变的，需要投资者根据自身的实际情况进行配置。另外，基金组合构建成功之后也不是一成不变的，还需要对基金组合进行监控管理，以便及时对其做出调整和改善。

5.2.4 优选基金组合直接投资

除了自己搭建基金组合之外，现在很多金融软件还向投资者提供了基金组合，投资者可以直接从这些基金组合中进行筛选，选择适合自己的基金组合进行投资。

这样的基金组合通常是由专业的基金管理人员按照设定的投资策略风

格，从众多的基金中筛选出优秀的基金进行投资，并根据市场波动情况及时调整和优化组合。对于一般的投资者而言，依靠个人搭建适合自己的基金组合比较困难，因此直接购买基金组合会更适合。

下面以支付宝为例进行介绍。

理财实例

支付宝购买基金组合

打开支付宝，进入基金理财页面，在上方菜单列表中向右滑动菜单，点击“精选组合”按钮，如图 5-5 所示。

图 5-5 进入精选组合页面

进入精选组合页面，页面中根据不同的投资策略将基金组合分成稳健策略、均衡策略和高收益策略三种类型，不同的策略其投资风险不同。稳健策略是以低风险、波动小的基金配置为主，风险较低；均衡策略是以中风险基金配置为主，风险适中；高收益策略是以中高风险基金配置为主，追求高额收益，风险较高。投资者可以选择对应的风险策略，并在下方基金组合列表中选择基金组合，如图 5-6 所示。

图 5-6　选择基金组合

进入基金组合详情页面，如图 5-7 所示。

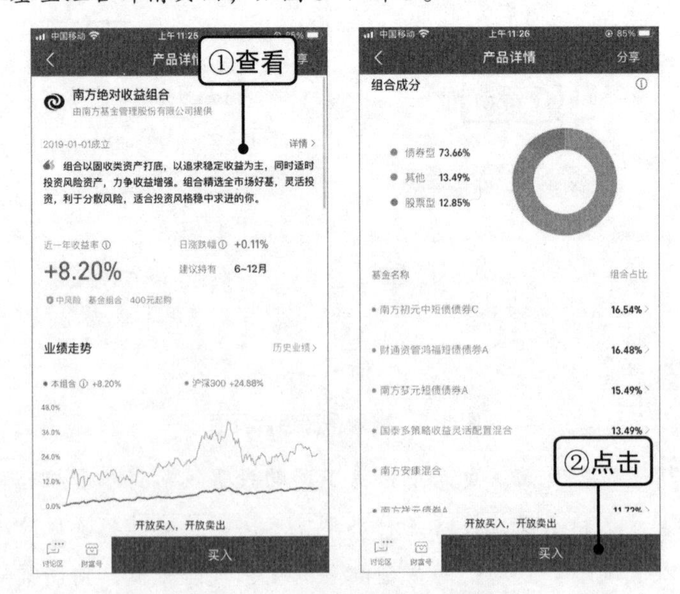

图 5-7　查看基金组合详情

在该页面中可以看到详细的基金组合信息，包括基金走势、基金组合成分及具体基金名称和占比情况。在确认这些基金组合之后，投资者就可以在该页面点击“买入”按钮，进行投资操作。整个过程非常简单、便捷。

5.3 股票的组合投资策略

市面上的股票数不胜数，除了单一股票投资之外，投资者还可以对其进行组合，建立股票投资组合，分散投资风险。所以，股票投资组合是指投资者在进行股票投资时，对股票的风险程度、获利能力等方面进行综合考虑，并按照一定的规则进行股票选择搭配，从而达到降低投资风险的目的。

5.3.1 构建股票组合讲究策略

股票投资风险大，尽管每一位投资者都希望能在股市成功获利，但是实际投资中却有不少投资者梦碎股市。究其原因，发现很多投资者，尤其是新手投资者并不讲究股票投资策略，盲目追涨杀跌，从而造成损失。股市投资也需要讲究一定的策略技巧，构建良好、合理的股票投资组合，才能降低投资风险，保证收益。

构建股票组合时应该从以下几个方面来进行搭建：

◆ 投资组合多元化

组合投资的核心是“分散”，股票投资也是如此，在构建股票组合时要注意“分散”，包括以下几个方面：

①数量分散，股票投资的资金应该分散到不同的个股中去，股票数量应该在4～10只，如果数量较少，则达不到分散的目的，反之，数量过多，则股票不好管理，操作难度较大。

②行业分散，投资者选择的个股应该分布于不同的行业中。

③行业周期，每一个行业都有生命成长周期，包括初创期、成长期、

成熟期和衰退期，应将股票分散于成长期或成熟期，因为初创期和衰退期稳定性较差，所以不选。

◆ 配置股票的不同类型

上市公司分为六种类型，不同类型的上市公司其股票操作风险和回报收益都不同，所以为了平衡高风险公司带来的高投资风险，股票组合中要注意配置不同类型的公司股票，以达到平衡组合风险的目的。

上市公司的股票类型如表 5-1 所示。

表 5-1 上市公司的股票类型

类型	特点
增长型股票	增长型股票也被称为成长型股票，一种预期可长期升值的公司股票。这种股票发行公司的销售额和收益额正在迅速扩张，并且其速度快于整个国家及所在行业的平均增长。所以，预计这类公司的股价比市场中其他公司的股票涨速更快，但风险也会更大
价值型股票	价值型股票是指账面值比市价高的股票，是同其账面值比较，股票的交易价格较低。也就是说，这类上市公司具有良好的盈利和发展潜力，但这些并没有反映在股票价格上，股价被市场严重低估，后市这类公司可能很快实现盈利增长
收益型股票	收益型股票也被称为收入型股票，因为这类股票分红额度比股市中的其他公司高。投资者投资这类股票，目的是追求当前收益最大化
周期型股票	周期型股票是支付股息非常高、股价相对较高并随着经济的周期波动而上升或下跌的股票，这种股票多为投机性股票
防御型股票	防御型股票指无论在怎样的市场环境下，都能提供稳定回报的股票，是一种低风险、低回报的股票，例如公共事业公司、制药公司及食品饮料公司等的股票
投机型股票	投机型股票指经营状况不稳定，即发展状况时好时坏的公司发行的股票，它们的投资风险较高，投机性较强

◆ 定期检查组合情况

股市处于不断变化之中，板块题材也在不断地轮换。所以，我们构建的股票组合也需要定期检查调整，根据国家经济的发展趋势，政策方面的变化，以及公司的实际经营情况等，调整组合的资金比例情况及个股的替换情况。

这样构建的股票组合更适合投资者，稳定性也更强，也更能应对股票市场中的变化和投资风险。

5.3.2 借鉴他人的股票组合轻松投资

除了自己搭建股票组合之外，也可以借鉴他人的股票组合进行跟投，或者是在别人的股票组合基础上进行调整，进而搭建出适合自己的股票组合。但是，股票组合与基金组合有所区别，市面上很少有金融软件会同基金组合一样直接推出组合产品，供投资者购买，更多的是通过一些经验丰富的投资者的股票组合来进行搭建。

下面以雪球 App 为例进行介绍。

理财实例

雪球 App 借鉴他人股票组合

进入雪球 App 首页，软件会推荐一些投资者的看法和评论，可以在此页面中选择一些比较感兴趣的经验投资者进行查看，点击用户头像，进入用户页面，在用户页面可以看到该用户的基本情况，点击“组合”超链接，如图 5-8 所示。

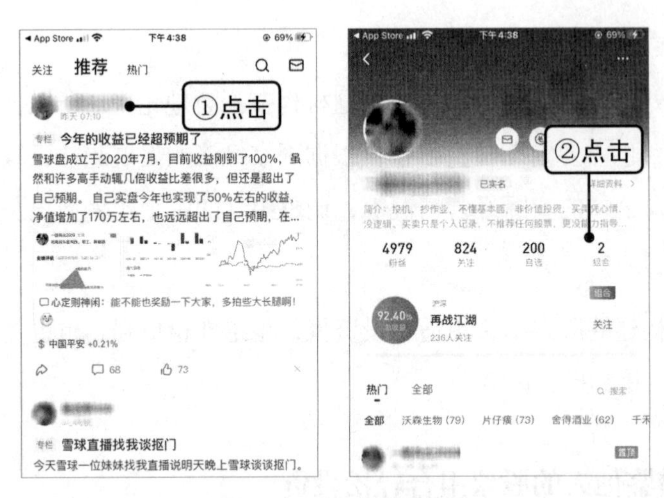

图 5-8　进入用户页面

进入该用户的组合列表页面，在该页面中选择组合进行查看，这里选择“再战江湖”股票组合。随后进入该股票组合的详情页面，在该页面可以查看该股票组合的业绩表现情况，如图 5-9 所示。

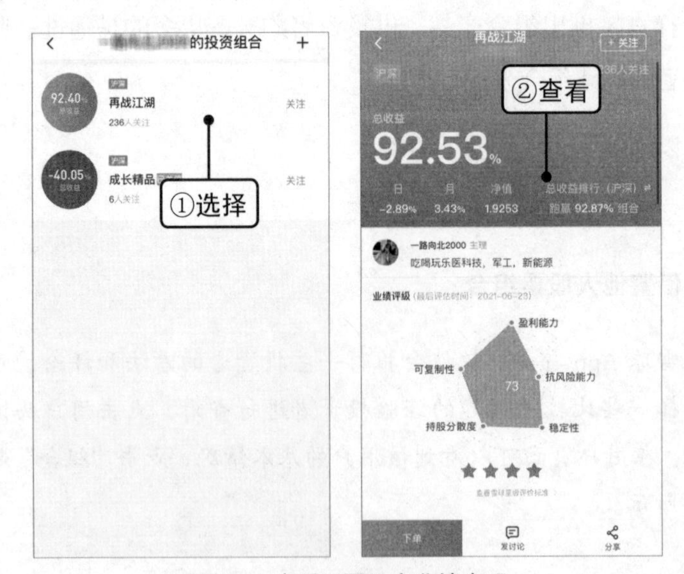

图 5-9　查看股票组合业绩表现

向下滑动页面可以进一步查看股票组合的行业配置环形图和该股票组合的收益走势图，如图 5-10 所示。

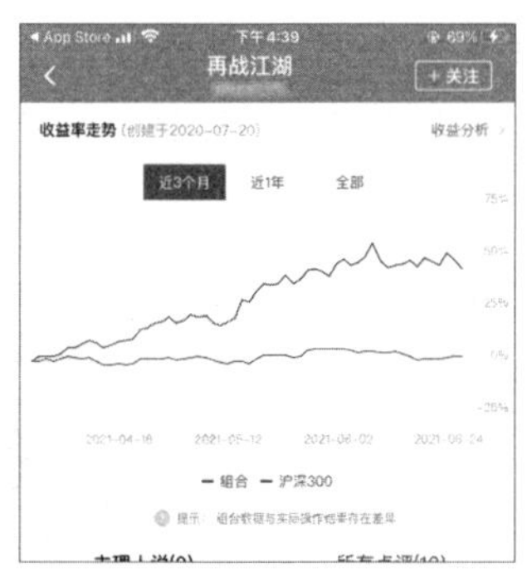

图 5-10 查看股票组合配置环形图和收益走势图

在该页面中，用户可以直接点击股票配置后的“详细仓位”超链接，可以查看该股票组合的详细仓位情况，查看每只个股的名称和资金占比情况。点击收益率走势后的“收益分析”可以查看该股票组合的具体收益分析报告，如图 5-11 所示。

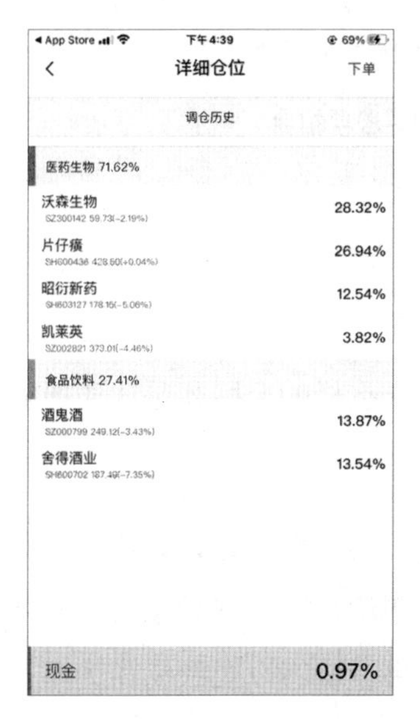

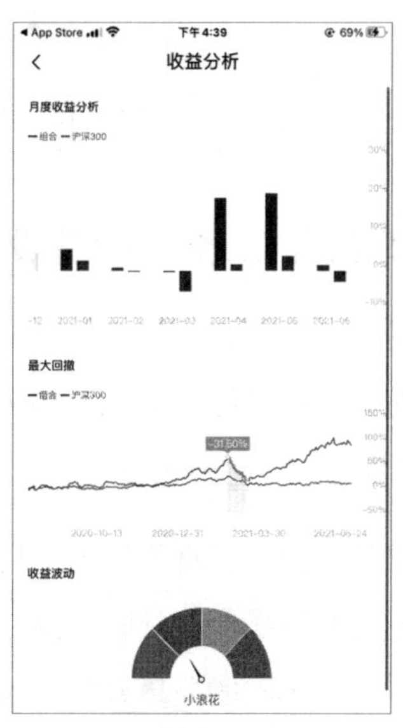

图 5-11 查看股票组合和收益分析

如果用户比较认同该股票组合，可以在雪球 App 中点击“下单”按钮直接买进该股票组合，如图 5-12 所示。进入组合下单页面，在该页面中直接按照该股票组合进行了资产比例配置，投资者可以自行筛选个股或调整股数，然后点击“下单”按钮，支付即可完成股票组合购买。

图 5-12　购买股票组合

5.3.3　股票组合投资时怎么选股

如果投资者想要自己构建股票组合，就要想办法从众多的股票中筛选出优质的潜力股进行组合搭配，那么什么样的个股才是优质股呢？这就需要投资者掌握一定的选股方法。

在选股之前投资者首先搞清楚自己的操作方式，是快进快出、追求短期效益，还是波段操作、低吸高抛。即便是同一只股票，在不同的炒股策略中也可能存在不同的质量判断。如果投资者以短线操作为主，那么长期稳健上涨、短期波动下跌的优质个股，对于这类投资者来说可能就是垃圾股，所以选择之前投资者要考虑自己的投资策略。

（1）长线投资策略选股

长线投资因为时间期限比较长，通常在三年以上，所以此时选择股票主要从两个方面入手：一是长期趋势；二是公司基本面。

因为股票持有时间较长，所以应选择跌幅较深，长期趋势运行在下降通道中的个股。简单来说，就是股价高位下跌形成的套牢盘，会在股价长期下跌过程中被洗掉，上方没有了套牢盘，主力才会考虑拉升。而买点位置则在股价向上有效突破下降趋势线位置。

图 5-13 所示为中国长城（000066）2016 年 10 月至 2019 年 11 月的 K 线走势。

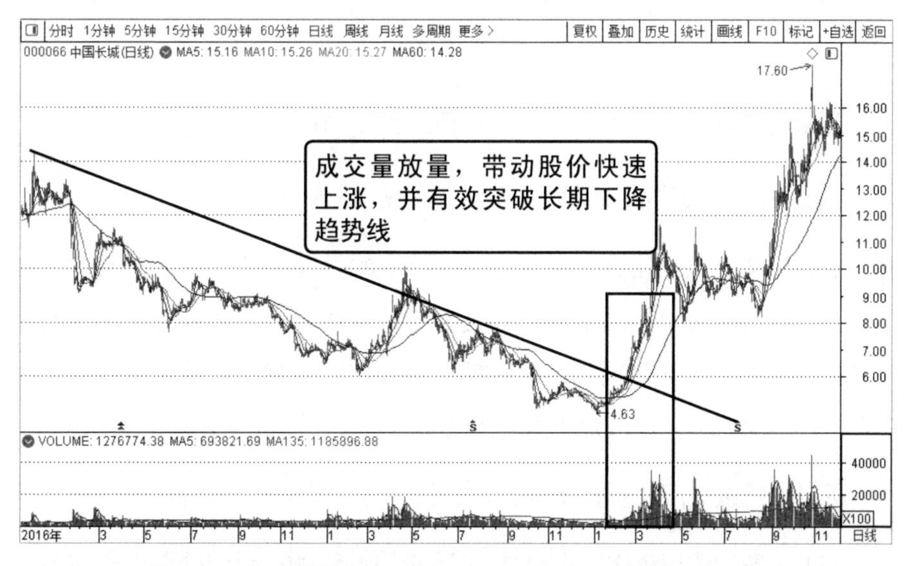

图 5-13 中国长城 2016 年 10 月至 2019 年 11 月的 K 线走势

从图 5-13 中可以看到，中国长城从 2016 年 10 月开始下跌，股价在长期下跌趋势线的压制下震荡下行，股价从 14.00 元附近跌至 4.50 元附近止跌。随后成交量放出巨量，推动股价大幅向上拉升，并向上有效突破下降趋势线，转入上升趋势中。如果投资者在此位置买进，可以长线持有，享受一轮大幅上涨行情。

除了考虑个股的长期趋势之外，还要考虑上市公司的基本面，虽然股市中没有绝对安全的股票这一说法，但是优质的上市公司的股票相比大部分股票来说安全性更高，也更适合长线持有。

所以，投资者在长线选股时，应该避开有严重问题的上市公司，选择之前查清楚公司是否存在以下问题：

①有严重违规行为、被管理层通报批评的上市公司。

②弄虚作假、编造虚假业绩骗取上市资格、配股、增发的上市公司。

③被中国证监会列入摘牌行列的特别处理公司。

④连续几年出现严重亏损、债务缠身、资不抵债、即将破产的上市公司。

⑤编造虚假中报和年报误导投资者的上市公司。

（2）中线投资策略选股

中线投资时间通常在 1 ～ 3 个月，持有的时间不长，投资者抓住一轮小幅上升行情即可满足需求。此时选股应该从两个方面来考虑：一是大盘趋势，大盘处于下跌时期和调整时期时不操作，只有在上升期买进；二是查看个股中期趋势，是否处于上升走势中。

所以中线选股应注重技术面分析，具体包括以下几个方面：

①中长期均线应依次向上排列，且间距不大更好，说明处于上涨初期，上涨趋势发生改变的可能性较小。

②底部量能充足，且上涨过程中持续放量。

③底部形成典型的平台底、圆弧底或双底等底部形态。

理财实例

中线投资技术选股

图5-14所示为奥园美谷(000615)2020年7月至2021年4月的K线走势。

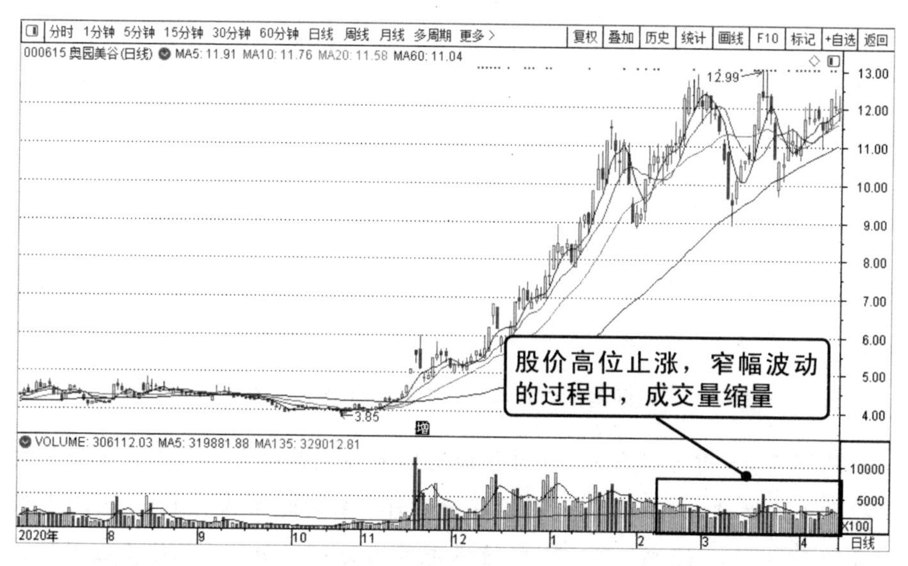

图5-14 奥园美谷2020年7月至2021年4月的K线走势

从图5-14中可以看到，奥园美谷长期在4.00元价位线上低位横盘，11月成交量放量，股价上涨向上突破底部平台，进入上升趋势中。

仔细观察这一阶段的走势发现，股价表现稳定上升，均线系统的短期均线、中期均线和长期均线的顺序按由上到下的顺序排列，说明该股处于多头市场行情中。

股价运行至12.00元价位线附近止涨，并在10.00～13.00元波动运行。观察下方成交量发现，股价在横盘过程中并没有明显的放量出现，说明此时的横盘很可能为上涨途中的洗盘，目的在于清除场内意志不坚定的浮筹。只要该股后市没有遇到大盘大跌的情况，大概率会继续表现上涨走势，投资者可以在横盘波动低位买进。

图5-15所示为奥园美谷2020年11月至2021年6月的K线走势。

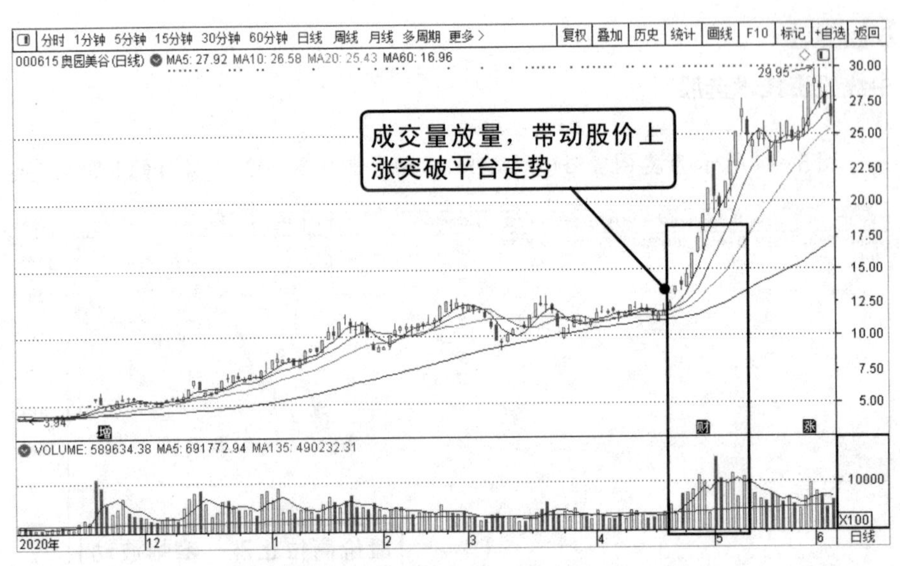

图 5-15　奥园美谷 2020 年 11 月至 2021 年 6 月的 K 线走势

从图 5-15 中可以看到，4 月下旬奥园美谷洗盘结束后，下方成交量放量推动股价继续之前的涨势，股价在一个月左右的时间从 11.00 元附近上涨至最高 29.95 元，涨幅达到 172%。如果投资者选择了该股，必然收益不菲。

（3）短线投资策略选股

短线投资与中长线投资完全不同，它属于投机性策略，讲究快进快出，对于中长线持有没有兴趣，所以自身并不太关注趋势。那么，在这样的投资策略下投资者应该如何选股呢？

短线选股可以从以下两种方法入手：

◆ 选市场热点与资金流向

短线选股应关注市场热点，包括时事新闻、政策变化及经济信息等，因为从这些信息中可以找到热门板块，从而找到市场热点股票。通常来说，市场的热点板块是资金做多的集中地，涨势惊人，对短线投资者来说是一次短线获利的机会。

另外，短线投资者还要关注个股资金流向，选择有主力资金介入的个股。主力资金流入，说明个股有强庄介入，投资者可以跟随庄家抢一波上涨。关注资金流向主要从个股分时走势图进行查看，如果某个股交投比较活跃，经常出现大笔买单，属于人为控盘的现象；如果个股一路下跌，但盘口却在出现大量卖盘时突然出现大单买进，说明场内有庄家护盘；如果股价在下跌过程中创新低后直线上涨，说明庄家之前在压盘。

这些行为都说明场内有强庄介入，投资者应及时跟进。

◆ 龙虎榜快速选股

龙虎榜指每日两市中涨跌幅、换手率等由大到小的排名榜单，从中可以了解到哪些个股的成交量比较大。龙虎榜是短线操盘投资者必然关注的内容之一，投资者通过龙虎榜可以快速从众多的股票中找到具有上涨潜力的个股。其具体参考内容如下：

龙虎榜代表了当前市场中最活跃、最强势的资金走向，包括机构资金和市场游资。所以，从龙虎榜中投资者更能找到热门股、热门板块。

通过龙虎榜数据，投资者可以直观地看出主力的买卖动向。

那么，什么样的股票表现才能上龙虎榜呢？具体表现在以下几个方面：

①日价格涨、跌幅偏离值达到7%。

②日价格振幅达到15%。

③日换手率达到20%

④连续三个交易日内收盘价涨、跌幅偏离值累计达到20%。

⑤ST、*ST和S证券连续三个交易日内收盘价格涨、跌幅偏离值累计达到15%。

⑥无价格涨跌幅限制的证券。

其中，针对每个条件沪市选前三名上榜，深市分主板、中小板和创业板分别选前三名上榜。

投资者需要注意的是，龙虎榜虽然能够帮助我们快速选择场内潜力股，但是其中隐藏的风险也非常高，所以投资者要谨慎对待，对其进行全面考虑之后再买进，不能因为其出现在龙虎榜上就匆忙跟进。

第6章

家庭理财组合
适应不同周期特点

“周期”在家庭理财中是一个重要的参考因素，不同周期条件有不同的投资组合要求，以及不同的组合搭配方式。背离周期搭建的投资组合，投资风险更大。

6.1　不同经济周期下的资产配置

经济周期通常是指经济活动沿着经济发展的总体趋势所经历的有规律的扩张和收缩，是国民总产出、总收入和总就业的波动，是国民收入或总体经济活动扩张与紧缩的交替或周期性波动变化。不同的经济周期具有不同的经济特点，而这些经济周期不仅影响人们的生活，而且还对金融投资产生重要影响。

6.1.1　经济周期的四个阶段

经济在发展运行过程中，出现有波峰、有谷底的规律运动。图 6–1 所示为经济周期变化示意。

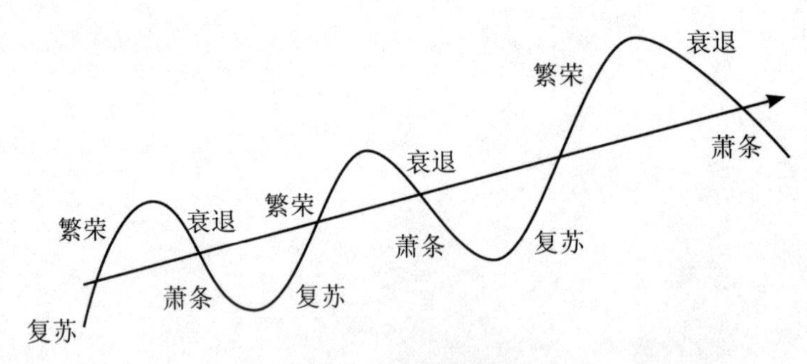

图 6–1　经济周期变化

从图 6–1 中可以看到，经济周期分为四个阶段，具体如下：

繁荣阶段。国民收入在这一阶段高于就业水平，市场中的生产、投资和信贷等扩张迅速，价格水平上升，就业机会增加，大众对未来的发展持乐观态度。

衰退阶段。这一阶段经济从繁荣时期的鼎盛阶段向下滑落，但是并没有到达底部。此时的经济增长处于停滞状态，商品价格下跌，企业的生产力下降，员工大量失业，利率下降，居民消费预期下降。

萧条阶段。经济经过一段时间的衰退后，进入萧条阶段，此时国民收入低于充分就业水平，市场中的生产、投资和信贷都缩紧，价格水平下降、严重失业，公众对未来发展持悲观情绪。该阶段的就业和产出都降至最低点，现阶段供需均处于较低水平，特别是经济前景依然迷茫，使得社会需求不足，资产缩水，失业率居高不下。

复苏阶段。复苏阶段是从萧条到繁荣的过渡时期，经济开始从谷底回升，但尚未达到顶峰。经济不景气，政府通过一系列调控措施刺激经济发展。这时调控措施的效果已经初步显现，经济开始复苏，需求开始释放，生产逐渐活跃，物价水平稳定，进入上涨区间。

可以看到，在不同的经济阶段中存在不同的经济特点，投资者在实际的投资中需要结合经济周期来进行投资组合考虑，这样搭建的投资组合更能迎合实际情况。

6.1.2 跟着美林“投资时钟”做投资

美林“投资时钟”是一种将“资产”“行业轮动”“债券收益率曲线”及“经济周期四个阶段”联系起来的方法，透过美林“投资时钟”，投资者能够对不同经济周期下的资产配置有更清晰的认识。

美林投资时钟理论（Merrill Lynch Investment Clock）是由美林证券在2004年提出来的，其根据经济周期理论将经济周期划分为四个阶段。美林证券通过分析美国1973—2004年的数据发现当经济周期在不同阶段切换时，股票、债券、大宗商品及货币这四大类资产的表现顺序也会发生变化。

因为 GDP 和 CPI 呈正相关关系。也就是说，GDP 上升，CPI 也会上升，反之，GDP 下降，CPI 也会下降。所以，美林时钟理论根据 GDP 和 CPI 的表现来判断当前的经济处于哪个阶段，并分别优先配置债券、股票、大宗商品和现金。

图 6–2 所示为美林时钟示意。

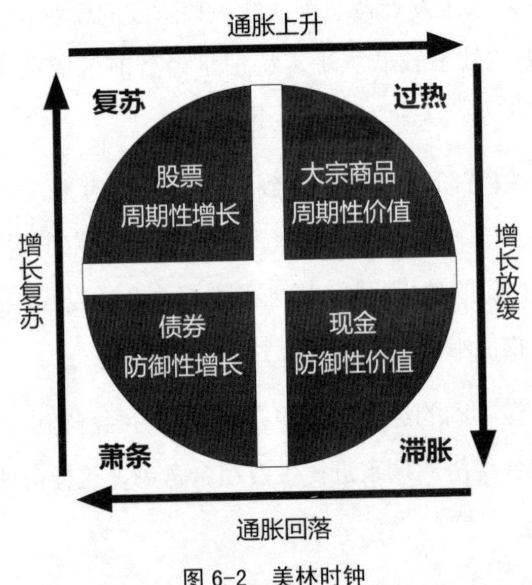

图 6–2　美林时钟

从图 6–2 中可以看到，美林时钟经济增长与通胀的不同搭配，将经济周期划分成了四个阶段，四个阶段顺时针推进，在此过程中债券、股票、商品和现金依次变现优于其他资产。但是，现实并不会简单按照经典的经济周期进行轮动，有时时钟会向后移动或者向前跳过一个阶段。

不同的经济周期具有不同的特点，具体如下：

①“经济上行，通胀下行”构成了复苏阶段。在该阶段中由于股票对经济的弹性更大，所以股票相对债券和现金具有明显的超额收益，投资者的资产配置应该以股票为主。投资优先级为：股票 > 债券 > 现金 > 商品。

②“经济上行，通胀上行”构成了过热阶段。在此阶段中，因为通胀上升增加了持有现金的机会成本，可能出台的加息政策降低了债券的吸引力，这会直接影响债券的价格，股票的配置价值相对较强，而商品则将明显走牛。投资优先级为：商品 > 股票 > 现金 > 债券。

③“经济下行，通胀上行”构成了滞胀阶段。在此阶段中，为了控制 CPI 而缩紧货币，首先影响 GDP，但是因为存在滞后效应，所以 CPI 还没有下来，会持续缩紧货币。此时，现金收益率提高，持有现金最明智，经济下行对企业盈利的冲击将对股票构成负面影响，债券相对股票的收益率提高。投资优先级为：现金 > 商品 > 股票 > 债券。

④“经济下行，通胀下行”构成了衰退阶段。在衰退阶段，通胀压力下降，货币政策趋松，债券表现最突出，随着经济即将见底的预期逐步形成，股票的吸引力逐步增强。此阶段投资优先级为：债券 > 现金 > 股票 > 商品。

需要注意的是，如果是完全的市场经济，则美林时钟永远是顺时针转动的，即顺序永远是复苏→过热→滞胀→衰退→复苏。但是政府的干预可能会引起时钟逆转或者跳跃。

6.1.3 不同经济周期下的炒股策略

我们知道经济呈周期性变化，在不同的经济周期阶段有不同的特点，那么，这些不同的经济周期中，投资者的炒股操作应该怎么做呢？

首先，按照经济周期对股价的影响可以对股票进行划分，将其分为以下三个类型。

周期性股票。是指股票的股价与经济周期关联性较强，受到经济周期的影响较大，股价的上升下降与经济的起落基本保持一致。这一类型的股票也是市场中数量最多的一类。

非周期性股票。是指股票的价格不受到经济周期影响的股票，经济繁荣发展不能带动股票上涨，经济衰退也不会影响股价下跌。正因如此，这类股票也被称为防守型股票，即在经济大环境不好时，投资者用于规避风险的股票品种。

成长型股票。是指不受经济周期影响，股票的业绩高速增长且长期保持，是一种高风险、高收益的股票品种。这一类型的股票通常出现在高科技行业或新型行业。

在不同的经济周期下，投资者可以借助不同类型股票的特性，做合理的投资策略。

（1）周期性股票投资策略

周期性股票即处于周期性行业中的股票，而周期性行业则是指与国内或国际经济波动相关性较强的行业，这类行业的产品价格呈周期性波动。周期性行业可以分为消费类周期性行业和工业类周期性行业。

消费类周期性行业包括房地产、银行、证券、保险、汽车和航空等，它们的终端是个人消费者；工业类周期性行业包括有色金属、钢铁、化工、水泥、电力、航运和装备制造等。

对于周期性的股票的投资策略主要包括以下三点：

①周期性股票投资，最为主要的是分析经济周期所处的阶段，因为经济周期才是影响股价牛熊变化的关键。

②经济周期阶段比较难以判断，此时可以通过利率来进行分析。当利率水平处于低位或继续下降时，周期性股票则表现良好；当利率水平逐渐升高时，周期性股票会表现得越来越差。

③在整个经济周期里，不同行业的周期表现存在差异。例如当经济在低谷出现拐点，刚刚开始复苏时，石化、建筑施工、水泥和造纸等基础行业会最先反应，股价表现也会提前启动；随后进入复苏增长阶段，机械设备、周期性电子产品等资本密集型行业和相关的零部件行业会表现良好；在经济繁荣阶段，商业兴旺，通货膨胀攀升，这时大宗商品和非必需的消费品、能源、矿产、轿车和高档奢侈品行业表现优异。

（2）非周期性股票投资策略

非周期性股票即处于非周期性行业的股票。非周期性行业主要有两类：一类是公用事业，如供水、供电和供热等行业，不管经济呈现怎样的变化，人们日常的生活都离不开这些公用事业；另一类是食品、日常消费品行业等居民生活必须消费的商品和服务。

这类非周期性股票在市场中的数量较少，因为其与经济周期的关联性较低，所以其价格受到经济周期的影响较低，一般在经济和股市低迷阶段，这类非周期性股票常被用来作为抵御外来风险的投资品种。但是，一旦经济复苏，股市行情向好，则很少有人想到投资这类股票。

（3）成长型股票投资策略

成长型股票通常是指收益增长速度快、未来发展潜力大的股票，其市盈率、市净率通常较高。也就是说，成长型股票在任何经济周期中都有着不俗的表现，在经济衰退、股市低迷时，即便是防御型的非周期性股票也只是相对大盘表现较强，但是也难以绝对获得回报，而成长型股票则不同。成长型股票即便处于经济低迷的熊市行情中，股价也能持续不断地向上发展，当经济繁荣、股市表现牛市行情时，它的表现会更优秀。

但是，成长型股票的投资风险也比较高，投资者需要对这些高科技、新型技术和项目有一定的了解，否则在什么都不了解的情况下难以做出正确的投资判断。另外，这类公司通常处于发展阶段，规模较小，技术还处于不成熟的阶段，不一定会成功，所以投资者要承担的风险较大。

综上所述，投资者需要结合不同的经济周期阶段，以及不同股票类型的特点来进行股票投资策略的选择。

6.2 不同期限的理财产品搭配

市面上许多定期理财产品都有时间限制，根据期限的长短可以分为短期理财产品、中期理财产品和长期理财产品。这些理财产品的期限不同，其收益也存在差异，如果投资者可以对不同期限的理财产品进行组合搭配，那么既能提高资金的使用效率，也能提高投资的收益率。

6.2.1 理财长短标让投资更合理

大部分人在做组合投资时，通常会将收益率和风险放在首位，即怎么搭配才能做到风险更低、收益更高，但是往往却忽略了时间成本，即投资多长的时间更合适，面对不同理财周期的产品应该如何搭配。

通常来看，短期理财为几天、半个月、1个月、3个月或6个月不等的理财产品；中期理财为半年至3年以内的理财产品；长期理财为3～5年的理财产品。

长期标和短期标投资的侧重点不同，长期标期限更长，收益稳定且相对较高，但是长期产品的理财周期长，中间不允许赎回，流动性低。而短期标产品具有灵活、方便、随存随用的特点，但是短期理财产品有发售的时间和起息日，这段时间没有收益。

此外，如果短期理财到期后没有找到合适的产品来衔接。这样一来，无形中也拉低了收益率。

但是，在实际的投资中，投资者可以对长短标进行组合搭配，扬长避短，通过搭配不同期限的理财产品，可以让自己的资产，既保持一定的流动性，也能提高投资的收益率。

理财实例

活期理财与一年定期组合搭配

杨先生的家庭收入每月为1.00万元，除去每月日常开销5 000.00元之后能够结余5 000.00元，活期存款2.00万元。因为杨先生平时工作比较繁忙，且对理财了解不多，所以他的投资方式通常以银行储蓄为主。

为了避免家庭生活中出现意外需要紧急用钱，而银行定期不能取出的情况，所以杨先生的储蓄一直为活期储蓄。

从杨先生的理财来看，杨先生的资金使用率较低，即便以银行储蓄为主，也可以通过期限搭配的方式来提升资金利用率，提高投资收益率。具体搭配如下：

因为杨先生每月开销为5 000.00元，所以可以保留15 000.00元的活期储蓄，以保障资金的流动性和灵活性。剩余5 000.00元转存入1年期定期，且此后每月的5 000.00元结余金额都定存1年期存入，连存11个月。

这样的组合投资方式，既能让杨先生有生活备用金以应对可能出现的突发情况，还能够保证每月有一笔现金流，此外，杨先生还能享受1年期的定存利率。

这样不同期限配合的组合投资方式明显可以让投资更合理，对资金的利用率更高。

6.2.2 短期理财和长期理财产品介绍

短期理财和长期理财是以理财期限划分的理财产品，市面上的短期理财和长期理财产品有很多，投资者需要对其有不同的认识，才能准确地选择到真正适合自己的理财产品。

（1）**中长期理财产品**

市面上的中长期理财产品有很多，不同的产品都有自己的优点和缺点，下面来介绍市面上常见的一些中长期理财产品。

◆ 银行定存

银行定存是最基础的理财产品，存款利率的高低与定期时间的长短直接相关，期限越长，存款利率就越高。因为定期存款的存期为 3 个月、6 个月、1 年、2 年、3 年或 5 年，所以银行定存为中长期理财。

◆ 国债

国债是以国家信用为基础，按照债券一般原则，向社会筹集资金形成的债权债务关系。国债投资期限较长，通常分为两种：3 年期限和 5 年期限，属于中长期理财。

◆ 定期理财

定期理财指有封闭期限的理财，投资者在封闭期限内不能取出资金，需要等到期满结束之后再取出。定期理财中，根据不同投资者的理财需要，设定了不同的理财期限，有 1 个月、3 个月、5 个月和 1 年，也有 1 年以上，甚至几年的定期理财。

◆ 票据理财

票据一般分为两类：一类主要是商业承兑汇票；另一类是银行承兑汇票。与其他理财产品相比，投资票据型理财产品的风险较小，且收益较高。票据从时间来看分为一年期以内的短期票据和一年以上的中长期票据。

（2）**短期理财产品**

市面上的短期理财产品也有很多，具体如下：

◆ 货币基金

说到短期类的理财产品就不得不提货币基金，尤其是市面上的一些“宝宝类”产品，随存随取、门槛低、操作简单、风险低。此外，还可以直接用于缴费、转账及支付等，非常简单、便捷。

◆ 定期理财

与前面的中长期定期理财相对应。其中，期限较短的定期理财就属于短期理财，也比较适合一些暂时不用的闲置资金。

◆ 银行活期储蓄

银行活期储蓄是普通人最为熟悉的一种短期理财方式，它没有存储期限，存取方便，比较灵活，但是因为活期储蓄的利率较低，所以大部分的投资者不会选择这一短期理财方式，主要是将其作为资金的一个周转。

通过前面的介绍我们可以看到中长期理财和短期理财的产品有很多，那么面对这么多的产品，投资者应该怎样来筛选呢？投资者可以从以下几个方面来进行考量。

看产品的收益。不管是中长期理财，还是短期理财，我们的最终目的都是获得投资回报，所以在筛选时可以从产品的收益入手。这些产品的收益类型可以分为两类：固定收益型理财和浮动收益型理财。稳健型或保守型投资者可以选择固定收益型理财，这类产品的收益稳定，风险更低；而积极型投资者则可以选择浮动收益型理财，这类产品的收益往往更高，同时风险也更高。

看产品的标的。所谓产品标的也就是查看产品的投资对象，以定期理财为例，金融机构募集投资者资金之后用于投资，然后将投资获得的收益按照比例分配给投资者。此时，投资者就需要选择自己比较熟悉或看好的投资领域，这样一来投资风险更低，也更安全。

查看产品的募集期和到账时间。募集期指投资者可以购买理财产品的时间段，不同的理财产品募集期的时间长短不同。因为募集期内的资金通常是不计息的，即便个别产品计息也是按照活期利息计算，所以，如果投资者在募集期内耽误较长的时间会产生较大的损失。此外，投资者还要关注到账时间，有的产品到期之后三个工作日内到账，有的则需要花费七个工作日，而这个时间段是不会产生收益的。因此，投资者筛选产品时，要选择募集期越短、到期后到账时间越快的产品。

查看产品是否有提前终止权。在中长期理财中，最为重要的就是时间期限，时间越长，收益越高，但是要求投资者不能中途取出。此时，投资者在购买之前就需要询问清楚，该产品是否存在提前终止权。如果有提前终止权，那么投资者的收益会损失多少，其次会不会对本金造成损失等。

通过上述方法筛选出来的理财产品更符合投资者的实际理财需求，也更科学、合理。

6.2.3 不同期限产品搭配考虑要点

在前面的介绍中，我们知道了将短期理财产品和中长期理财产品组合搭配进行投资可以使其形成互补，既保留资金的流动性，也能提高投资收益率。但是，在实际投资中，很多投资者却不知道怎么做中长期理财产品和短期理财产品的资产配置。

在考虑长短期理财产品的搭配时，首先我们要弄清楚一个金融理财产品中的黄金三角关系，即收益性、安全性和流动性三者之间的关系，从理财投资的整体角度来对其进行考虑。

图 6-3 所示为金融理财产品黄金三角关系。

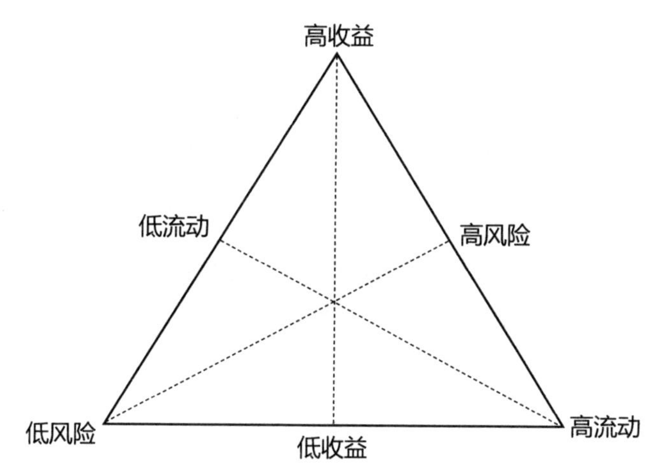

图 6-3　金融理财产品黄金三角关系

从图 6-3 中可以获得以下信息：

①风险性与收益性成正比关系：收益越高，风险越大。

②流动性与风险性成正比关系：流动性越好，风险越低。

③流动性与收益性成反比关系：流动性越高，收益越低。

因此，投资者在组合搭配不同期限的理财产品时，需要从风险性、流动性和收益性的角度来进行搭配。中长期理财产品：低流动性、高收益性、高风险性；短期理财产品：高流动性、低收益性、低风险性。

确定了这一前提条件之后，可以从以下三点来搭配理财产品的期限：

◆ 资金流动性的需求

中短期理财产品最大的问题在于期限限制，所以投资者需要对自己的资金流动性需求有一个大致的了解，让资金在合理范围内保持一定程度的流动性，而剩余部分闲置时间较长的资金可以投于中长期理财产品。

◆ 考虑经济环境

考虑经济环境是指查看当前经济大环境是处于升息通道中，还是处于降息通道中。如果资金在短期内不用，且当前处于降息通道中，则应选择中长期理财产品，因为降息会导致理财产品的收益逐渐走低，而中长期理财产品的收益在理财期间内是锁定的，不会因为降息而出现调整，这样就可以锁定高收益。

反之，如果当前处于升息通道中，则应选择短期理财产品，因为升息会使得理财产品的收益逐渐走高，短期理财产品锁定的时间较短，可以随着升息而升息，享受高收益。

所以，在搭配中短期理财产品时可以考虑经济环境，升息环境下以短期理财为主，而降息环境下以中长期理财为主，可以达到避险的目的。

下面以一个例子来进行说明。

理财实例

定期存款的期限选择

假设张先生有一笔10.00万元的资金准备做存本取息，每年年末取息一次，存本取息1年期年利率为1.35%，5年期年利率为1.55%。如果张先生此时做5年期长期理财，则张先生5年利息收益如下（按单利计息）：

100 000.00×1.55%×5=7 550.00（元）

如果当前的经济环境较好，利息处于上升通道中，利息呈现上升趋势。此时，张先生将10.00万元做1年期存本取息，到期自动转存，存了5年时间，且1年期利率在5年间的变化为1.35%、1.45%、1.55%、1.60%和1.64%。计算张先生这5年的存款利息如下（按单利计息）：

100 000.00×1.35%×1+100 000.00×1.45%×1+100 000.00×1.55%×1+100 000.00×1.60%×1+100 000.00×1.64%×1

=1 350.00+1 450.00+1 550.00+1 600.00+1 640.00

=7 590.00（元）

可以看到，在升息通道中，投资者选择短期定期理财收益高于长期定期理财，可以享受升息的利息收益。

◆ 考虑生活备用金

谁也不能保证生活总是一帆风顺的，说不定就会遇到急需用钱的情况，但又不想失去享受中长期理财的高收益。因此，我们可以准备一些生活备用金做短期理财，高流动性以应对生活中可能会出现的危机。

6.2.4 资金闲置带来的损失计算

通过前面的介绍，我们知道在做定期理财时要注意理财产品的募集期限和到账期限，因为在这些时间段内的资金都处于闲置状态，如果期限过长会给我们带来损失。

但有的投资者却不以为然，认为只要产品本身的收益率高，即便耽误几天损失也不会太大。下面我们就来实际计算一下。

如果是短期理财产品，资金闲置时间较长，那么理财收益率可能就没有那么高了。这里引入实际预期年化收益率公式，公式如下：

实际预期年化收益率 = 预期年化收益率 ÷365× 获利时间 ÷ 实际的资金占用时长×365

将其简化一下，得到如下公式：

实际预期年化收益率 = 预期年化收益率 × 获利时间 ÷ 实际的资金占用时长

例如，工商银行推出的一款定期理财产品“工银理财·鑫得利固定收益类封闭式理财”，该理财产品的产品基本信息如图 6-4 所示。

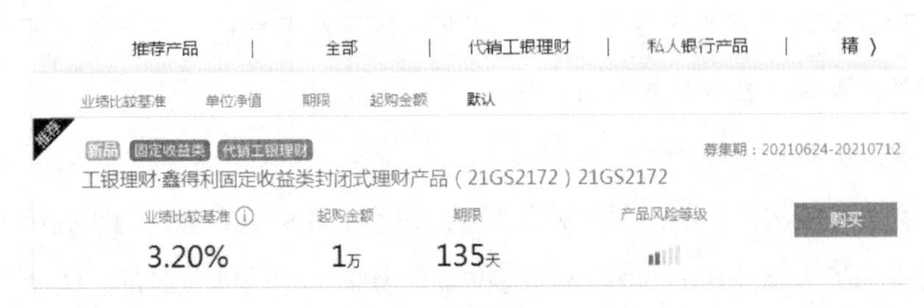

图 6-4 产品基本信息

进一步查看该产品的产品说明书发现，产品的募集期为 2021 年 6 月 24 日～2021 年 7 月 12 日，计息起始日为 2021 年 7 月 13 日，到期日为 2021 年 11 月 24 日。到期后，资金三个工作日到账。

从图 6-4 中可以看到该产品的预期收益为 3.2%，假设某投资者在 6 月 24 日买进，到期第三天资金到账，那么此时该投资者的收益率计算如下：

实际预期年化收益率 =3.2%×135÷（135+19+3）=2.8%

根据结果可以看到，投资者的实际收益率明显低于预期收益率，且投资者购买的定期产品期限越短，这种差异就越明显。如果理财产品的到期日遇到国家法定假日需要顺延的话，那么投资者的实际投资时间就会更长，收益率也就更低。

虽然在定期理财产品中，资金闲置是一种常见现象，但是如果投资者能够有意识地注意资金的闲置时间，就可以选择到更适合的时间介入点，进而降低损失。

第7章

通过经典的定律做好家庭理财配置

除了自己根据实际需求来组建投资组合之外，我们还可以借助一些经典的投资定律来组建自己的投资组合，可以使投资组合更合理，投资操作更有依据性。

7.1 家庭资产的投资定律

在家庭资产的分配问题上，我们都知道要根据实际情况预留一定的生活费用，然后用闲置的资金投资理财，并将资金做好分散，以降低投资风险，但是往往缺乏合理的资产分配比例。实际上，对于家庭资产配置问题有一些比较经典的定律值得我们应用，可以使我们的资产分配更合理。

7.1.1 家庭资产配置 1234 法则

家庭资产配置 1234 法则，也称为标准普尔家庭资产配置图，它是由标准普尔公司经过全球十万个资产稳健增长的家庭，并总结分析他们的家庭资产配置，进而得到的标准普尔家庭资产象限图。

图 7–1 所示为标准普尔家庭资产象限。

要花的钱　占比 10%
例如：短期消费
该账户用于负责家庭中的日常开支，包括生活费、话费和购物等。一般需预备 3 ~ 6 个月的额度。

保命的钱　占比 20%
例如：意外重疾保障
该账户主要用于解决家庭中突发性的重大开支，避免家庭因为意外而影响正常的生活。

生钱的钱　占比 30%
例如：投资股票、基金等
该账户重点在收益，即通过合理的投资管理，让资产得到增值。

保本升值的钱　占比 40%
例如：养老金、子女教育金等
该账户主要是在保障资金安全性的基础上适当获取一些收益，因此，该账户的资金投资一些本金安全、收益稳定的产品。

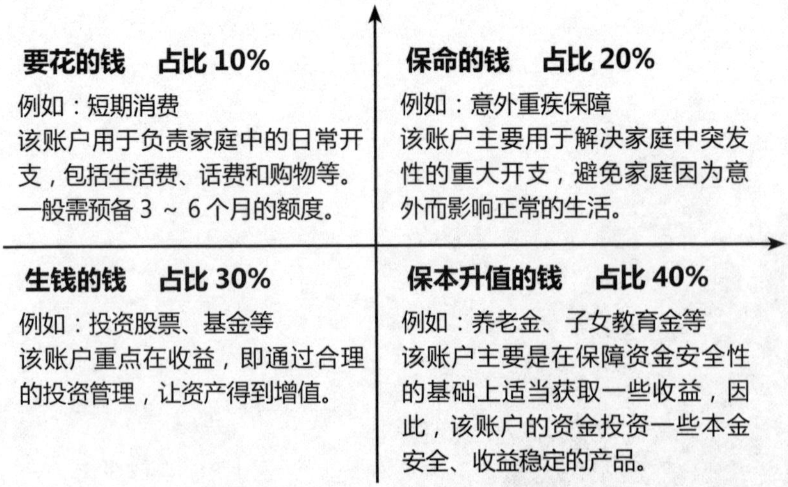

图 7–1　标准普尔家庭资产象限

从图7-1中可以看到，标准普尔家庭资产象限图将家庭资产分为了四个部分，分别为要花的钱、保命的钱、生钱的钱和保本升值的钱，依次各自占比为10%、20%、30%和40%。

四个部分具有不同的作用，具体如下：

◆ 要花的钱

要花的钱是指家庭日常开销账户，属于短期消费，一般占家庭资产的10%左右。为了家庭能够长久维持基本生活，通常需要储备3～6个月的生活开销费用，确认其流转的灵活性。

◆ 保命的钱

保命的钱是家庭杠杆账户，目的在于通过以小博大的手段，抵御家庭外来风险。工具主要是利用医疗保险来预防意外重疾或意外伤害。通常这类突发意外属于大额开销，一般家庭难以承担，所以需要借助保险的杠杆作用。因此，该账户也被称为保命的钱，一般占家庭资产的20%左右。

◆ 生钱的钱

生钱的钱是家庭投资账户，目的是通过投资让家庭资产增值。因为投资存在风险，所以，为了维持家庭的稳定，该账户的资金比例应该占据家庭资产的30%左右。

◆ 保本升值的钱

保本升值的钱是长期收益账户，该账户一定要保证本金安全，且跑赢通货膨胀，所以该投资的收益率不一定高，但却长期稳定。该账户资金一般占据家庭资产的40%，使家庭资产不会发生重大变化。

整体来看，标准普尔家庭资产象限图资产配置法是在保障家庭资产稳健增长和家庭生活稳定延续的基础上进行的配置。通过这种配置方式，我们既有应付短期生活需要的流动现金，也有满足家庭和家庭成员长期发展的储备金，更有转嫁突发风险造成的经济损失的准备。这样的资产配置既能够满足家庭追求资产增值的要求，又能够达到抵御外来风险的目的，攻守兼备。

7.1.2 4321 理财法则

4321 理财法则是针对中产收入家庭的一类合理的资产比例配置方式，它强调以家庭作为理财主体来合理规划家庭的收支情况。

图 7-2 所示为 4321 理财法则示意。

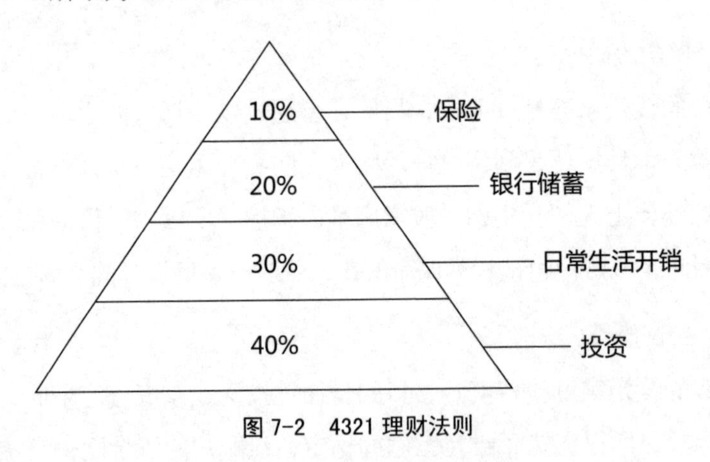

图 7-2 4321 理财法则

从图 7-2 中可以看到，4321 理财法则将资产分成了四个部分：40% 投资、30% 日常生活开销、20% 银行储蓄和 10% 保险。这是一种比较科学的家庭资产分配方式，具体分配如下：

◆ 40% 投资

首先，将家庭的 40% 的资产用于投资，目的在于创造财富，使财富实现增值。这部分资产的主要投资对象是股票、外汇和基金等一些收益率较高的投资工具。当然，也可以根据家庭资产收入的特点，以定投的方式实现投资理财。

◆ 30%日常生活开销

我们的日常生活离不开一些基本开销，例如生活费、水电费、话费和网费等。因为每个家庭的收入水平不同，实际花销额度也不同，但是为了合理控制我们的资产，应该将日常开销控制在收入的30%左右，过度的开销不仅会造成浪费，还会影响我们的理财计划。

◆ 20%银行储蓄

为了应对生活中可能会出现的一些紧急情况，我们需要准备一定的活动资金作为紧急备用金，在需要时可以及时取出，一般在20%左右即可。当然，这部分资金通常做活期储蓄存至银行，但是也可以选择一些灵活性强的货币基金。

◆ 10%保险

保险是对未来生活的保障，尤其是预防家庭收入的主要创造者遇到意外情况时影响家庭的正常生活。保险是一种以小博大的投资方式，对意外和突发事故进行防御。保险的资金占比在10%左右比较适合。

投资者需要明确的是，4321理财法则是一种概念，投资者可以在此基础上，结合自己的实际情况，例如风险承受能力、家庭收入情况及理财目标等，对具体的比例进行调整，以便让资产配置达到最为理想的状态。

7.1.3 资产配置黄金三法则

资产配置黄金三法则是指投资者在配置自己的资产时需要遵循三个基本法则，才能使资产配置更科学、均衡、稳健。黄金三法则的内容如下：

（1）跨资产类别配置

跨资产类别配置看起来很复杂，但实际上可以理解为分散资产，降低资产集中度，将鸡蛋放在不同的篮子里。所以，我们的资产在实际的配置中应该包含各种各样的资产类别，例如保险保障类资产、固定收益类资产、二级市场类资产和实物投资类资产等。

因为不同类别的资产，其具备的风险收益也不同，通过科学、平衡地搭配，能够达到平衡风险和收益的效果。

（2）跨地域、地区配置

跨地域、地区配置是指我们做资产配置时，不要局限于某一个地区或区域，应该跨地域，甚至是跨国别，这样可以降低资产的关联程度，提高资产收益率，起到降低风险的作用。

（3）另类资产配置

另类资产配置指投资者做资产配置时，除了常见的、传统的理财工具之外，也可以配置一些另类的、小众的、收益率却很高的理财工具，但是这类理财工具通常伴随的风险系数也比较高。另类的理财工具包括私募股权投资、风险投资和对冲投资等。

虽然风险和收益是成正比的，收益越高，风险也越大，但可以通过资产配置黄金三法则的方式来配置资产，可以寻找到资产配置风险和收益的平衡点。一定的高风险资产投资，会让投资者在较为安全的情况下，获得更加可观的收益。

7.1.4 家庭理财 3331 法则

家庭理财 3331 法则其实是对家庭收入进行的管理和分配，简单来说，就是在投资者每月领取工资的那一刻，就将其分成 10 份，然后按照 3 : 3 : 3 : 1 的比例进行分配管理。

家庭理财 3331 法则具体的分配内容如下：

◆ 第一个“3”

3331 法则中的第一个 3 是指将收入的 30% 资金用于日常的家庭生活开支，即将自己每月的开支控制在 30% 以内。

◆ 第二个“3”

3331 法则中的第二个 3 是指将收入的 30% 资金用于中、短期投资，这部分资金的作用是让家庭资产增值，一方面需要满足高流动性的需求，以应对家庭生活中可能出现的突发情况；另一方面也可以获得一定的收益，满足中、短期理财目标。

因此，可以对这部分的资金再进一步划分，按照中风险和低风险划分，或者是按照短期投资和中期投资划分。例如将资金分成两部分，一部分投资于流动性佳、收益较低的超短期投资品，如银行理财、货币基金等，收益在 4% ～ 5%。另一部分投资于时间更长、收益更高的投资品，期限为 3 个月～ 1 年，收益在 7% ～ 10% 的基金。

◆ 第三个“3”

3331 法则中的第三个 3 是指将收入的 30% 资金用于长期投资，以实现养老或子女教育等长期投资目标。因为养老或子女教育需要长时间的积累才能实现，所以投资者需要早做准备，例如连续投资几十年，让复利能够不断积累。

◆ 最后一个“1”

3331 法则中的 1 是指将收入的 10% 资金用于风险控制和转移，简单来说就是购买保险，通过保险来降低风险、抵抗风险。保险可以帮助投资者在发生意外事故时，让本金可以最大限度地止损。

理财实例

李先生的理财 3331 计划分析

李先生通过一本理财书籍了解到了理财 3331 法则，感受颇深，认为与其自己盲目地理财，不如提前有目的、有规划地做好资产规划和理财计划。

根据理财 3331 法则，李先生的理财计划如表 7-1 所示。

表 7-1　理财计划

3331 理财计划		具体投资安排	
3	30% 收入用于日常开销	10%	用于日常生活基础开销
		20%	用于家庭固定开销，包括水电气费、房贷、网费或信用卡还款等
3	30% 收入用于短期投资	10%	投资于银行短期定期理财或是买入货币基金
		20%	购买债券基金或混合型基金
3	30% 收入用于长期投资	10%	购买国债、企业债或政府债券
		20%	购买股票或股票型基金，坚持长线投资
1	10% 用于风险控制	10%	购买保险，包括寿险、医疗险和意外险等

从表 7-1 中内容可以看到，在“3331”法则的框架下，李先生的资产配置更加平衡，既能保证日常的生活开销，也能做好资产的投资管理，还能对生活中可能发生的意外进行保障。

最后，尽管 3331 法则对资产配置进行了一个比较科学的比例划分，但是该比例并不是固定的，投资者仍然可以根据不同的市场环境和实际情况来进行调整。例如，股市好的时候，可将高风险资产配比到 80%，固定收益类产品配比降至 20%；在熊市时，降低股票型、混合型基金的配置比例。

7.2 理财产品的配置法则

除了资产配置之外，在投资理财方面也有一些比较科学的、应用较广的配置法则。投资者借助这些理财法则能够更快速地实现自己的理财规划，使投资更加科学合理。

7.2.1 投资的72法则

大部分投资者在日常的投资理财时都会遇到一个问题，就是复利计算。假设某理财产品的年化收益是 $x\%$，那么 n 年以后的收益就是 $(1+x\%)^n$。但是，如果投资者没有计算器，则很难计算出真正的收益。此时，我们就可以利用投资的72法则。

72法则实际上就是指以1%的复利来计算利息，经过72年之后，本金会变成原来的两倍。因此，在给定年收益的情况下，投资者可以计算经过多少时间，我们的投资才会翻倍。

因此，72法则是衡量资本符合成长速度的投资工具，计算公式如下：

资本增加一倍所需年数 =72÷ 预期投资报酬率（或年化收益率）

在如上公式中，在进行实际计算时，预期投资报酬率（或年化收益率）要去掉“%”使用，即如果预期投资报酬率（或年化收益率）为 $x\%$，那投资翻倍的年份就是 $72\div x$。例如，假设投资者最初投资金额为1 000.00元，年收益率为8%。根据72法则，72÷8=9，所以投资者的投资金额需要大约8年的时间翻倍至2 000.00元。

在实际的投资中，72法则的应用范围比较广，具体有以下几点：

（1）计算投资翻倍的时间

计算投资翻倍的时间是72法则最简单，也是最直接的应用。每一个投资者在投资之前都想要知道自己的获利期限，以便搭建投资组合，做好资产配置规划。所以，我们可以利用72法则来计算资金翻倍的时间。

理财实例

72法则计算定期存款的翻倍时间

我们知道，定期存款是指储户和银行事先约定好期限和利率，到期后储户可以一次性支取本息存款。但是，如果到期后储户没有取出，且选择了自动转存，那么到期的本金和利息则自动进入下一个存期，形成复利。

张先生在农业银行定期储蓄了30 000.00元，存期为1年，存款年利率为1.75%，且张先生在存入之初勾选到期自动转存。那么，张先生存入的30 000.00元需要多长的时间才能翻倍呢？

根据72法则计算如下：

72÷1.75=41.14

所以，张先生存入的30 000.00元想要获得翻倍的回报需要41年左右。

（2）确定理财目标

投资者做投资理财通常都需要提前规划安排，确定投资目标，然后按照目标进行，并不是盲目开始的。而72法则可以帮助投资者更好地制订理财计划，明确我们的投资目标。

例如，某投资者计算拿出闲置的10.00万元资金做理财，目标回报20.00万元，预估此次投资时间在5年左右。那么，投资者应该如何来实现这一投资目标呢？

结合72法则，因为投资者打算通过5年时间来实现资产翻倍，根据72法则计算，72÷5=14.4。也就是说，投资者搭建的投资组合需要达到14.4%的年收益率，可以在投资组合中搭配一些稳健的债券基金或混合型基金。

（3）推算通货膨胀

对于投资者来说，通货膨胀是一个重要的参考指标，如果投资者的收益率低于通货膨胀率，那么说明投资者的资产缩水了，财也白理了。

估算通货膨胀率主要是利用时间和物价变化来进行。例如，10 年前鸡蛋约 2.50 元一斤，10 年后，同样的鸡蛋则需要约 5.00 元一斤。鸡蛋的价格出现了翻倍，时间为 10 年，计算这 10 年的通货膨胀率为：72÷10=7.2%。说明 10 年后钱贬值了，实际购买力减半了。

综上所述，可以看到 72 法则不仅可以帮助我们快速计算资产翻倍的时间，还可以利用 72 法则计划理财投资方案，帮助规划投资，使理财更明确。

7.2.2 风险投资比例控制 80 定律

在投资组合中，最难的就是风险投资的比例控制，我们都知道风险投资是高收益的主要来源，更是投资风险的所在地，所以投资组合中的风险投资占比越高，意味着我们投资组合的风险也越大。那么，我们应该如何来控制投资组合中风险投资的占比呢？

这里我们介绍一种理论——80 定律。该定律以年龄为主要考虑对象，认为人在 20 岁阶段时，虽然收入低，但此时家庭负担轻，所以承受风险的能力较高。

随着年龄逐渐增长，收入逐渐增高，负担也逐渐增大，在 50 岁阶段时，人的收入会达到一生的高峰，同时承受风险的能力也是最低的。鉴于此，提出 80 定律，就是用 80 这个数减去投资者当前的年龄，再乘以 1%，就是投资者能够承受的风险投资资产比例，公式如下：

风险投资比例 =（80- 当前年龄）×1%

假设，某投资者30岁时，用于理财的资产为10.00万元，按照80法则计算风险投资占比如下：

（80−30）×1%=50%

100 000.00×50%=50 000.00（元）

所以，在该投资者的投资组合中，高风险投资占比最高为50%，资金在50 000.00元以内。剩余资产投资中风险或低风险产品。

该投资者50岁时，用于理财的资产为20.00万元，此时按照80法则计算风险投资占比如下。

（80−50）×1%=30%

200 000.00×30%=60 000.00（元）

可以看到，虽然投资者在50岁时闲置理财的资金更多，但因为此时承受风险的能力变低了，所以此时投资高风险产品的资金并没有大幅增加。

由此可以看到，投资80法则强调了年龄和风险投资的关系，年龄越大，高风险项目投资的比例就越小，投资者对收益的追求也逐渐转向为对本金的保障。

投资80定律符合大部分人伴随年龄变化而产生的投资心理变化，年轻时投资比较激进，随着年龄的增加，投资逐渐稳健，偏向安全、低风险性。但需要注意的是，80定律主要是向投资者传递风险把控的概念，但并不一定适用于所有家庭或是所有的投资者，还是要结合自身的实际情况。

7.2.3 房贷31定律

房贷31定律是指每月的房贷还款数额以不超过家庭月总收入的1/3为宜。如果每月房贷还款超过这个标准，家庭资产比例将会失去平衡，应对风险的能力较低，一旦出现突发状况，很可能就会对家庭正常生活造成重大打击，进而对家庭生活质量造成严重影响。

购房者在向银行申请购房贷款时，会向银行提交自己的收入流水，以便银行审查个人的后续还款能力。通常情况下，银行会考虑个人每月收入是否为每月还贷的两倍及以上，也就是说，每月的房贷月供不得超过个人月收入的50%。

因此，50%是警戒线，一旦超过这一比例很可能会对家庭生活造成重大影响。那么，具体多少月供比例才不会影响生活呢？其实，这一比例与购房者的实际情况有关。如果购房者比较年轻，工作稳定，未婚也没有孩子，此时家庭负担较轻，所以月供可以在家庭收入的40%～50%。但是，如果购房者已经结婚生子，那么家庭开销较大，家庭负担更重，此时月供应在家庭收入的30%以内。

所以，总的来看，想要保证家庭生活的质量不因为房贷而陷入困境，房贷比例应该控制在30%以内更加合理。

例如，王先生家庭月收入为2.00万元，此时根据房贷31定律计算，房贷金额为：20 000.00×1/3=6 666.00（元）。所以，王先生家的房贷月还款应控制在6 666.00元以内，一旦超过这一数额，可能会使家庭资产比例发生变化，进而影响生活。

投资者在投资理财之前，还要对家庭还款做好规划，借助房贷31定律做好家庭资产分配，避免理财陷入困境。

7.2.4 投资中的墨菲定律

墨菲定律是一种心理学效应，是由爱德华·墨菲提出的，所以被称为墨菲定律。它的原句是这样的：如果有两种或两种以上的方式去做某件事情，而其中一种选择方式将导致灾难，则必定有人会做出这种选择。

墨菲定律主要包括的内容有以下四点：

①任何事都没有表面上看起来那么简单。

②所有的事都会比你预计的时间长。

③会出错的事总会出错。

④如果你担心某种情况发生，那么它就更有可能发生。

因此，墨菲定律告诉我们，事情如果有变坏的可能，不管这种可能性有多小，它总会发生，在投资中也是如此。

我们知道投资总是伴随着风险的，区别在于不同的投资工具、不同的理财产品，其存在的风险大小不同。墨菲定律告诉我们，只要有风险的可能，那么就总会发生，所以投资者在投资过程中需要提前做好心理准备，有应对风险的处理措施。

下面以股市投资为例做介绍。

理财实例

大博医疗（002901）买进分析

我们知道股市投资风险较大，为了能够降低投资风险，投资者在入市之前往往会做一系列的技术分析。图 7-3 所示为大博医疗 2020 年 6 月至 2021 年 1 月的 K 线走势。

从图 7-3 中可以看到，大博医疗处于下跌趋势中，股价从 120.38 元的高位处开始下跌，经过了近半年的震荡下跌行情之后，股价跌至 70.00 元价位线附近止跌并小幅回升。此时，股价的跌幅在 42% 左右，说明空头势能释放较大，可能趋于底部位置。

我们进一步查看该股此时的走势发现，股价跌至 70.00 元价位线附近，创下 67.35 元的新低后止跌回升，但小幅回升至 75.00 元便止涨，再次拐头下跌，股价又一次跌至 70.00 元价位线下方便止跌回升，两次下跌回升形成了双重底形态。该形态为典型的底部形态，说明股价极有可能在此位置筑底，后市即将迎来一波上涨行情。

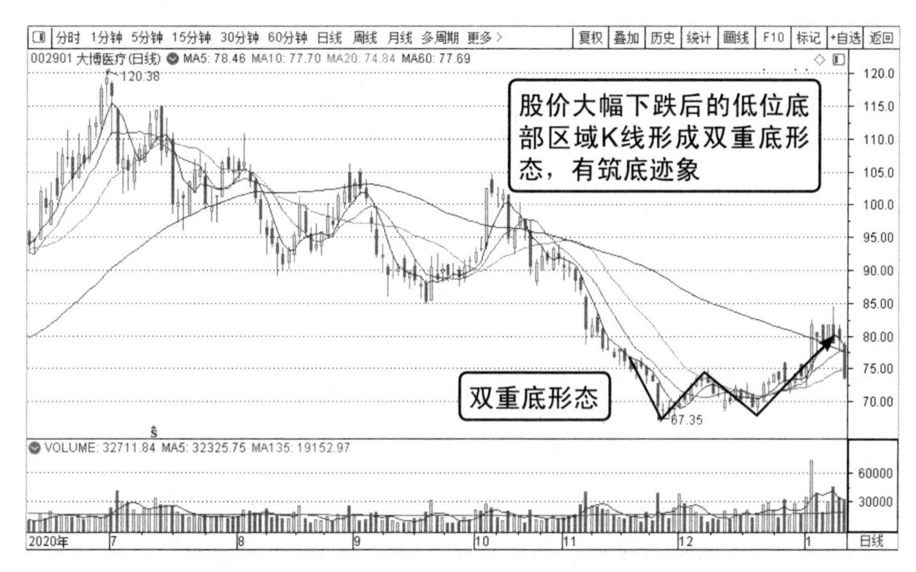

图 7-3 大博医疗 2020 年 6 月至 2021 年 1 月的 K 线走势

在成交量方面，股价走势形成双重底形态后止跌回升，向上突破双重底颈线，且继续向上，在此过程中成交量持续温和放量，有触底回升的迹象。结合这一系列的迹象，表明股价很有可能筑底回升，为投资者的买进机会。

但是，墨菲定律告诉我们，尽管事情只是有变坏的可能，但不管这种可能性有多小，它总会发生，所以尽管这里的股价技术指标告诉我们后市上涨可能性较大，但仍然有下跌的可能性，投资者就应该要做好下跌的打算。

所以，投资者可以结合前面我们介绍的仓位管理方法，在此位置少量买进，不放弃这一买进机会，但保留一定的仓位量，避免后市继续下跌。如果买进后股价继续上涨，且涨势明朗，则投资者可以视情况逐渐加仓；如果买进后股价止涨下跌，转入下跌行情，则损失较小，还在可控范围内，投资者回本的机会较大。

图 7-4 所示为大博医疗 2020 年 8 月至 2021 年 3 月的 K 线走势。

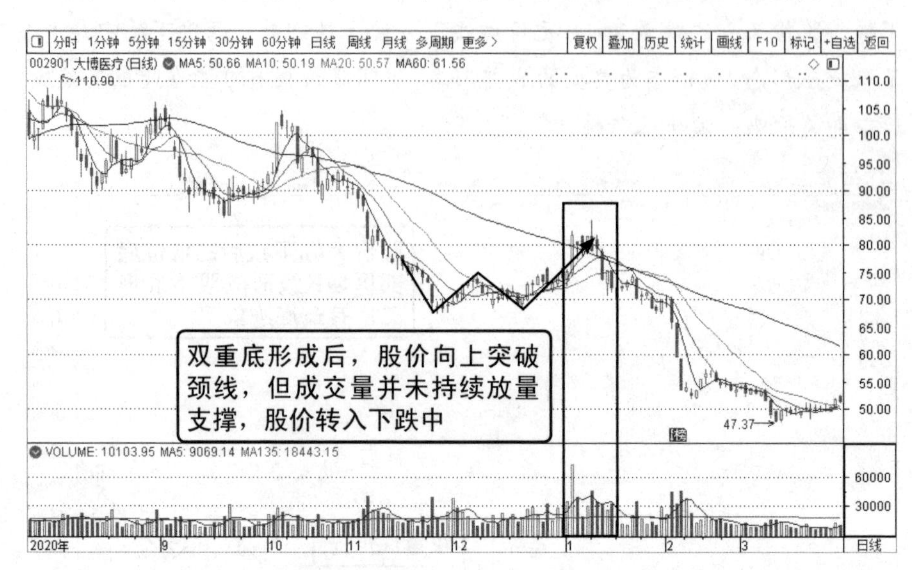

图 7-4　大博医疗 2020 年 8 月至 2021 年 3 月的 K 线走势

从图 7-4 中可以看到，2020 年 12 月大博医疗形成双重底形态后，股价并没有趁着势头继续上涨，而是小幅上涨至 80.00 元附近后便止涨转入下跌行情中，且跌势更为凶猛，股价最低跌至 47.37 元，跌幅达到 41% 左右。

所以，如果投资者在双重底形态出现后就盲目全仓买进，必然会遭受重创，但如果投资者提前借助墨菲定律做好风险预期打算，就能巧妙应对这一危机。

7.2.5　家庭保险双十定律

家庭保险是理财资产配置中的一个重要部分，也是我们应对风险的主要措施。但是，你真的会买保险吗？

一些人认为保险能够给自己带来满满的安全感，所以会花费大量的资金来购买大量的保险，但这样的购买方式不仅会增加家庭的经济负担，还会降低家庭的生活品质；而另外一些人则认为，保险保障的是意外的可能性，意外发生的概率太低了，没有必要花费大量的资金来购买，所以小额购买、少量购买即可。其实，这两种保险购买方式都不是正确的。

此时我们可以借助家庭保险双十定律来对家庭的保险进行科学、合理、有效的规划。家庭保险双十定律告诉我们，保险购买额度不要超过家庭收入的 10 倍，以及家庭总保险费用的支出占家庭年收入 10% 为宜。如果保险花费超过年收入 10%，比重过高的话，会对生活质量产生影响；投入过少的话，保额可能会太低，就很难保证风险发生时所得到的赔偿金能够抵偿损失。

例如，一位白领年收入在 10.00 万元左右，如果一年花费 1.00 万元左右买保险，将保障总额度设定在 50.00 万 ~ 100.00 万元是比较合理的。如果发生生病住院或意外事故，这部分赔偿也能帮助家庭度过危机。

在这个案例中，保险双十定律对该家庭的资产起到了很好的规划作用，一方面家庭的负担不是很重；另一方面对于可能发生的家庭财务危机有实际的防御作用。

但是，投资者在实际的家庭保险购买过程中，可以在双十定律的基础上做上下 5% 的浮动都是比较正常的范围，这些需要结合自己的实际收入情况来进行确定。

7.2.6 股债平衡策略

我们都知道，股票投资风险大，收益高；债券投资，收益稳定，风险低，在投资组合中股票用于博取高收益，债券则让投资组合保持稳定性。但是，在实际的投资组合中，很多投资者却不知道怎么划分两者的比例。如果股票投资比例较高，债券比例较低，则投资组合风险较大，债券投资不能达到平衡组合、降低风险的目的；如果债券比例较高，股票比例过低，则收益较低，会降低收益率。

此时，投资者除了根据自己的投资类型灵活设置股债比例之外，还可以利用股债平衡策略来设置股票投资与债券投资的比例。

股债平衡策略最早是由巴菲特的老师格雷厄姆在他的一本非常出名的著作《聪明的投资者》里提出来的。大概的意思是，将自己3年甚至更长时间不用的闲置资金平均分为两个部分，50%资金买进股票，50%资金买进债券，然后每年年底进行一次动态平衡管理。

股债平衡策略是一种极简理论，通过简单的5∶5划分，将资金平均地投资于股票和债券，理论上可以在损失一定收益的情况下，达到降低投资组合风险的目的。具体优势包括以下两点：

①相较于全债券投资，股债平衡策略可以提高收益率。

②相较于全股票投资，股债平衡策略可以降低波动率和最大回撤。

例如，某投资者将自己的闲置资金10.00万元，按照股债策略的投资方式进行投资，5.00万元投于股票，5.00万元投于债券。如果一年后，股票变为6.00万元，债券变成5.20万元，此时的本金为11.20万元，就需要卖出4 000.00元的股票，并转换成债券；如果一年后，股票变为4.00万元，债券变为5.20万元，此时的本金为9.20万元，就需要卖出6 000.00元的债券，并转换成股票。通过这样动态调节的方式，以保持股债之间的平衡。

股债平衡策略比较适合普通投资者，或者是缺乏投资经验的投资者，以及稳健型的投资者。因为这样的平衡投资方式下，投资者不用预测市场，也不用整天盯着盘面看，只需要每年年底打开证券账户进行一次动态调整即可，其他的时间就安安心心地工作和生活。

所以，整体来看股债平衡策略的投资优势是比较明显的，即投资者不不用花费太多时间和精力就可以取得一个不错的投资收益，另外可以大大降低波动，让收益更加稳健，在大熊市，下跌的幅度比满仓持有股票小很多。

但是，这种策略同样也具备一定的短板，即行情来时不如满仓持股的收益高，或者在底部区域因为是半仓股票所以不能买入太多的廉价筹码。

7.3 家庭理财的常见误区

随着人们收入水平的不断提高，许多人的投资积极性也逐渐提高，会开展各种各样的投资，但是因为缺乏投资经验和专业知识，很多人却面临各种踩雷，陷入理财误区之中。本节就来介绍一些常见的家庭理财误区，帮助投资者们有效避雷。

7.3.1 盲目追涨杀跌

追涨杀跌是一种投资策略，通常是指在价格上涨时要及时买入，期待后续上涨更多，然后在价格更高时卖出获利。如果价格出现下跌，这时要及时卖出，后续可以用更低的价格买回卖出的股票，这样也可以获得价差收益。

追涨杀跌这种操盘策略通常用在股票、期货和黄金等这类投资工具中，它与传统的抄底摸顶操作方法相反，具体操作：在市场已经上涨时趁势买进，以期待涨得更多，然后获利更多；在市场下跌时卖出产品，以更低的价格买回来，赚取差价。

虽然这样的操盘方法可以帮助投资者在短期内快速获取大幅收益，也可以避免买到冷门产品而造成资金闲置。但是有非常多的投资者在追涨杀跌的过程中屡买屡套，损失惨重。

这是因为许多投资者自身的专业知识和投资经验不足，导致散户投资者不讲究方法而进行盲目地追涨杀跌。在价格上涨或者涨停时，散户投资者会过于看好价格的上涨预期，少了冷静的分析，从而盲目追涨买入。而在价格下跌时，投资者又会过于恐慌，从而盲目杀跌卖出。

实际上，市场中的每一个投资者都会做不同程度地追涨，因为市场中的投资者没有人能够真正做到从最低点买进，又从最高点卖出。所以，追涨杀跌只是一种操盘方式，并不是错误的交易方式，这里之所以要指出来，是提醒盲目追涨杀跌的投资者，只要是掌握一定的操盘策略，做到冷静分析，同样可以追涨杀跌。

这里我们以股票为例，介绍追涨杀跌的一些方法。

对于追涨杀跌，我们需要知道哪些情况下不能追涨，具体如下：

①成交量出现无量空涨时，一般情况下涨势不会持久，所以尽量不要追涨，如图 7-5 所示。

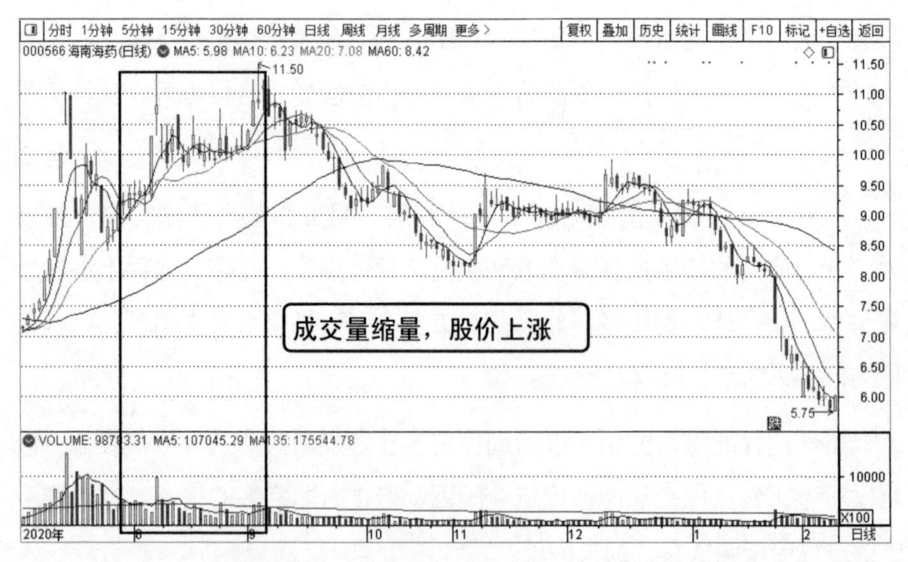

图 7-5 无量上涨

从图 7-5 中可以看到，海南海药（000566）前期表现上涨走势，股价上涨至 11.00 元附近后止涨，小幅下跌至 8.50 元后止跌再次向上攀升，最高上涨至 11.50 元附近。但观察下方的成交量可以发现，股价再次向上攀升的过程中，成交量表现缩量，并没有明显放量，呈现出无量上涨的量价关系。说明此次上涨为诱多信号，持续时间较短，后市转跌可能性较大。

②对于那些短时间内股票价格突然大幅上涨的股票，不要追涨，因为这种连续的大幅上涨将股价快速拉高，涨幅空间较大，价格比较昂贵，在这时买入，下跌或盘整的概率较大，所以比较容易亏损，如图 7-6 所示。

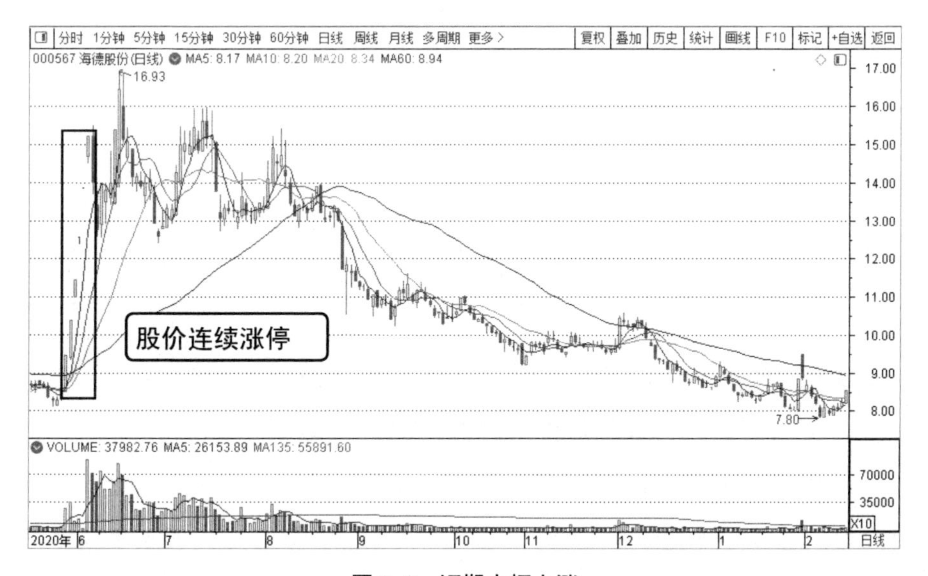

图 7-6 短期大幅上涨

从图 7-6 中可以看到，2020 年 5 月底海德股份（000567）突然开始大幅上涨，连续 6 个涨停将股价从 8.50 元附近推高至 15.00 元附近，涨幅接近 80%。对于这类股票，投资者不应该追涨，首先，此时 15.00 元的价位相较于之前来说，价格过高，后续的涨幅空间有限；其次，这类股票突然连续大幅上涨之后极大可能会迎来深幅回调或下跌，追涨的意义不大。

③虽然股票在上涨，但是上涨的空间有限，所以对于那些上涨受到压迫，空间比较小的股票，应该放弃追涨。

理财实例

浙江震元（000705）追涨分析

图 7-7 所示为浙江震元 2019 年 4 月至 2020 年 1 月的 K 线走势。

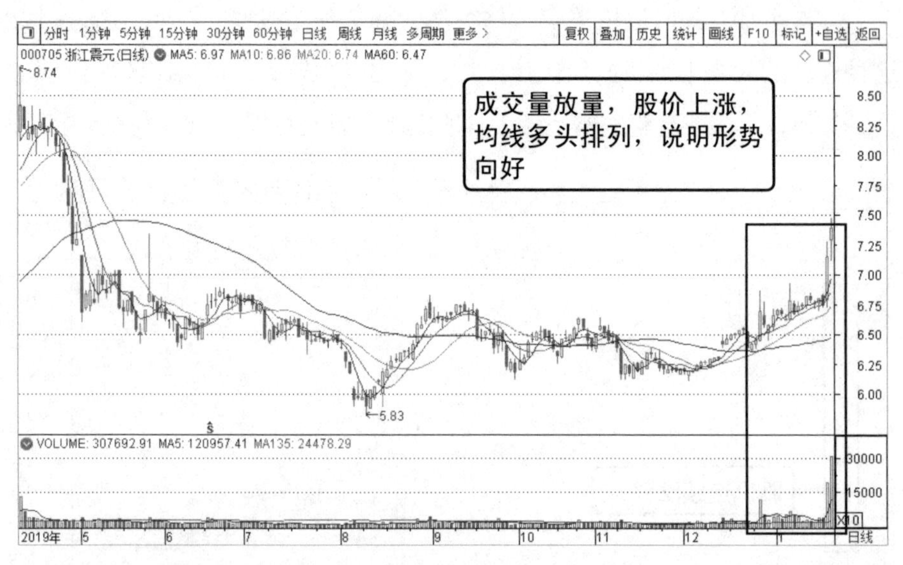

图 7-7　浙江震元 2019 年 4 月至 2020 年 1 月的 K 线走势

从图 7-7 中可以看到，浙江震元处于下跌行情中，股价从 8.74 元的高位处向下滑落，创下 5.83 元的新低后止跌小幅回升后在 6.50 元价位线上下波动运行。2019 年 12 月底，股价止跌小幅回升，走出稳步上升的走势，均线系统中短期均线、中期均线和长期均线从上到下依次排列，表现出多头行情，下方成交量放量。那么，此时投资者是否应该在此位置追涨呢？

图 7-8 所示为浙江震元 2018 年 3 月至 2020 年 1 月的 K 线走势。

从图 7-8 中可以看到，2018 年 3 月以来，浙江震元的股价一直在 8.50 元下方运行，其间股价虽然几次上冲 8.50 元价位线，但都未能有效突破，股价上涨至 8.50 元附近便转入下跌走势中。说明 8.50 元价位线是一个强有力的压力阻力位。

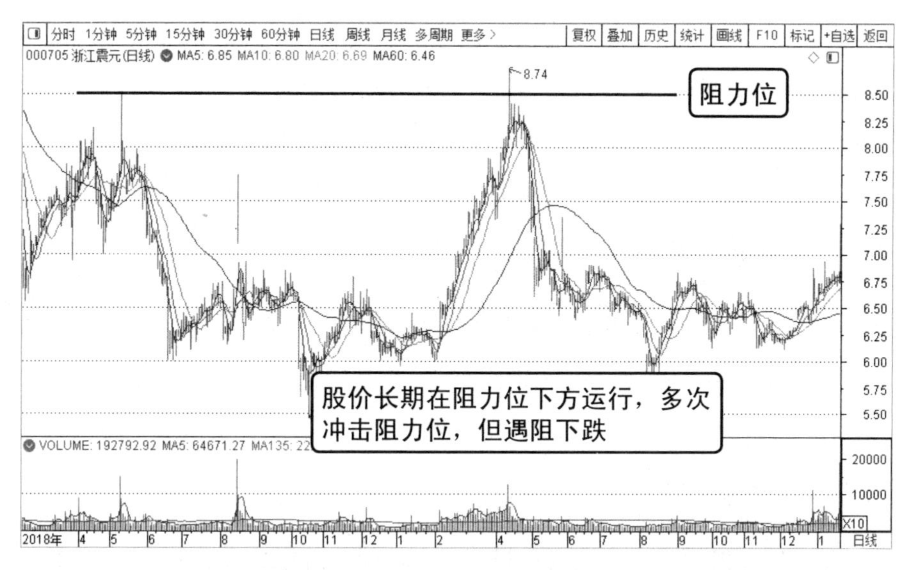

图 7-8 浙江震元 2018 年 3 月至 2020 年 1 月的 K 线走势

投资者想要追涨的位置在 7.20 元附近，距离阻力位 8.50 元的涨幅空间在 20% 以内，涨幅空间较小，此时追涨，如果股价在 8.50 元位置受阻转跌，投资者很有可能被套，所以应该放弃追涨。

图 7-9 所示为浙江震元 2019 年 4 月至 2020 年 5 月的 K 线走势。

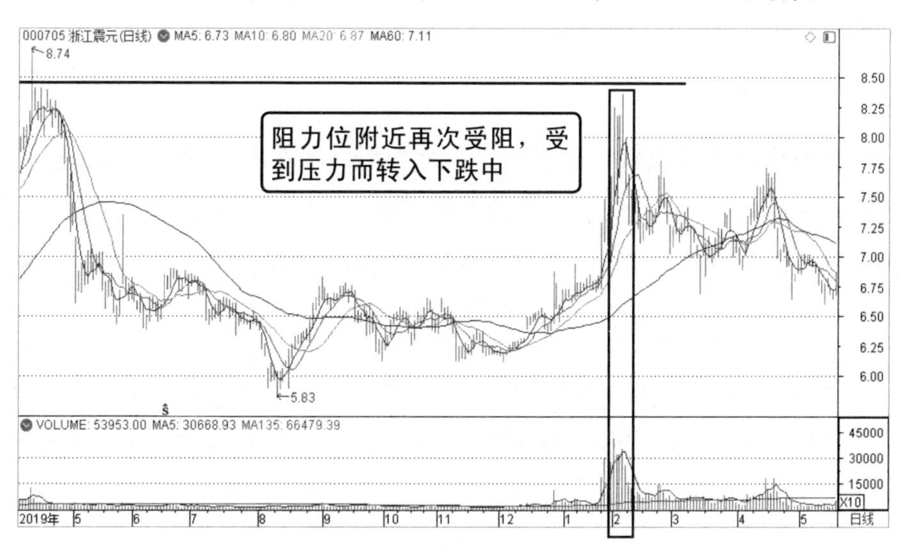

图 7-9 浙江震元 2019 年 4 月至 2020 年 5 月的 K 线走势

从图 7-9 中可以看到，浙江震元的这一轮上涨仅维持到 2 月初，股价上涨至 8.25 元附近便受到压力滞胀，短期横盘后便转入下跌走势中。所以，如果投资者在 1 月中旬时盲目追涨，可能会遭受重大损失。

④那些股价处于下跌的形势中的股票，不应该追涨。逆势而为风险过大，一般我们都是要等到趋势有所改变时再顺势而上。

了解了不追涨的情况后，还需要掌握一些追涨杀跌的方法，具体如下：

追涨要及时、果断。有许多牛股在行情启动之后，都会迎来一波凌厉的涨势，追涨应该及时、果断，因为在这个时候追入，收益不但非常大，而且时间成本也较低。如果犹豫不决，很可能会错过这一波上涨。

追在股价低位。追涨的理想情况是在个股涨势启动的低位处，尽管拉高后可能会迎来一波回调，但回调的低点都不会低于追入的低点。关键是投资者要准确判断这个“低位”是否低。

追在回落整理阶段。如果个股的行情已经启动，且已经连续上涨多日，投资者就不能继续追进了，而应该等到该股冲高回落一段时间后再追入。观察牛市股走势，会发现都会有一波波脉冲式的上涨，所以回落后再追入就能够降低风险。

追快速涨停的股票。很多大牛股行情都是从涨停开始的，所以投资者可以关注开盘后不久直接上冲直奔涨停板的个股。但是，也并不是所有即将涨停的个股都能够追。如果个股在高位突然放量涨停，就不要盲目追入了，因为很有可能是庄家的诱多信号。

综上所述，投资者追涨杀跌并非不可取，问题的关键在于不要盲目地追涨杀跌，而应该在冷静思考、理智分析之后，结合具体情况来判断是否应该做出追涨决策。

7.3.2 对保险的错误认识

保险是投资组合中的重要部分，也是我们抵御外来风险的重要措施，所以投资理财离不开保险。但是，尽管很多投资者都买了保险，却没有让其真正起到保障的作用，原因在于他们对保险的错误认识。常见的错误认识有以下一些：

（1）跟风投保

跟风投保就是指别人买什么保险，他就买什么，问他买的什么保险，保障哪些情况，保额有多少，竟然什么也不知道。这种就是典型的跟风，总认为别人买的是最好的。这样的保险购买方式不仅不会对家庭起到保障作用，还会影响家庭正常的资产配置规划，进而影响理财。

市面上的保险产品众多，我们需要根据自身的实际需求来进行筛选，结合自己目前已有的保障情况、年龄层次、工作特性和交费能力等进行选择，收入能力有限的可以选择定期型、消费型的产品。

在保险产品的类型上可以按照以下顺序进行配置：

①购买意外险。意外险是针对意外风险而设计的保险，能够解决意外伤残带来的失能损失问题。意外险的购买对象为家庭主要劳动力，因为他的健康与安全关系着全家的生活保障，一旦遭遇意外，可能会使全家的生活陷入困境当中。

②购买重大疾病保险。除了意外之外，重大疾病也是摧毁家庭的主要因素，一次重大疾病很可能会让一个家庭花光多年的全部积蓄，并且即便身体恢复之后也可能影响以后的收入能力。所以，购买一份重大疾病保险就十分必要了。目前，市面上重大疾病保险有两种：第一种是终身寿险 + 附加提前给付重大疾病保险；第二种就是终身重疾主险。

③购买增值性保单。在保障了死亡和疾病的风险之后，在资金充沛的情况下还可以购买一些增值性的保单，包括养老保险、子女教育金保险和投连险等，既有保障功能又能兼顾理财。

（2）投保只看价格不看合同

有一些投保人在购买保险时将注意力都集中在了价格上，关心保险贵不贵，划不划算，而不看保险合同。实际上，保险的定价是综合了各方面因素而得出的，我们在选择产品时，除了要考虑价格之外，更应该注重保险的保障范围、保障额度及豁免附加等。

价格可以作为挑选保险产品的一个指标，但却不能作为唯一指标。投保人在决定投保之前，一定要在专业的保险顾问指导下仔细阅读保险条款，包括责任范围、理赔范围、免责条款和健康告知等，避免在将来理赔时出现不必要的麻烦。

对于不懂的内容，投保人应在投保之前问清楚，或者可以要求保险公司将解释内容形成文字作为合同附件，将来成为履行合同和解决纠纷的重要依据。而对于一些只提供保险产品说明书，不出示保险合同、保险费率及其他相关资料的保险，投保人应拒绝购买。

（3）有社保就不用买商业保险

一部分人认为企业为我们买了社保，社保的范围全面，包括医疗、生育、失业、养老和工伤，则不用再另外购买商业保险了。那么事实上真的是如此吗？

社保是我国社会保障体系中的重要组成部分，确实保障了人们的生活和健康。但是社保也具有一定的局限，例如有些情况下不给报销，且社会医疗保险有最高支付限额。此外对于一些药品（进口药或新药）不予报销，此时，投保人需要自行承担医药费。

对于这些问题，商业保险能够很好地弥补，通常商业保险对于进口药、特效药等都包含在内，另外还会补偿投保人生病期间的收入损失，还有住院补贴，报销范围更广，报销额度更高。

另外，社保中的医保有地域限制，需要在定点医院才能报销，非定点医院、异地就医等则不享受报销或报销比例不同，但是商业保险则对地域限制更低，通常只要是认定的二甲医院或三甲医院都可以进行报销。

综上所述，在一定程度上，商业保险是对社保的一个补充，能够起到互补的作用。所以，即便购买了社保，还是可以根据自己的实际需求来购买商业保险，为自己的家庭生活保驾护航。

7.3.3 投资过度集中和过度分散

在前面的内容中我们就介绍过，投资时需要将资金分散，做组合投资，才能起到降低风险的作用。有的人却认为资金分散投资会降低收益率，影响自己的收益。

但需要注意的是，凡事都需要有一个度，投资也是如此，资金过度集中和过度分散都会给我们的投资带来危害。具体如下：

（1）投资过度集中

投资过度集中指投资的渠道或产品比较单一。比较极端的有两种情况：一是投资方式主要为储蓄，资金全部存入银行；二是偏向高风险投资，资金全部进入股市。

储蓄为主的投资，缺点在于低收益，虽然银行储蓄的风险非常低，甚至可以视为没有风险，但是也伴随低收益。

银行储蓄相较于其他理财产品收益少，即使定期存款利率也比不上一般的基金回报率高，这是储蓄最大的风险，也就是贬值的风险。也就是说，如果投资以储蓄为主，资金过度集中于储蓄，那么投资者将面临收益降低、资金贬值的风险。

如果投资者的投资以股票为主，将资金全部投入股票市场，虽然收益率可能较高，但是因为股票市场波动性较高，风险较大，这样过度集中的投资方式，会大幅增加投资者的投资风险。

所以，投资者应将资金分散开来投资于不同的理财产品，在提高收益率的同时，也分散投资风险。

（2）投资过度分散

投资过度分散是指投资的渠道或产品过于复杂、多样，其缺点主要有以下三点。

第一，太占用时间，导致每个产品都无法深入了解，深入地掌握精髓。

第二，过于分散，提高了撞雷的概率。大家都知道，风险的出现概率是一定的，你如果盘子铺得很大，就让自己碰到风险的概率提升，有一个产品碰雷了，还有另一个或多个产品碰雷的可能性。

第三，降低收益率。分散投资虽然可以有效降低部分投资风险，但是风险一低，预期收益也会有所下降，这是因为分散投资一方面绩效不够优化，另一方面资金分散，单一标的投资金额较少，即使投资标的收益率高，其预期收益也会大打折扣，一般来说，普遍只能取得等于或小于平均市场利率。

7.3.4 想要安享晚年却掉进养老金大坑

养老对于任何人来说都是一个大问题，每个人都会老，虽然年轻时身体强健，工作顺利，有稳定的收入，但是进入老年，失去劳动力，就失去了经济来源。因此，我们不得不为自己的老年生活提前打算。

有一些人认为自己买了社保，退休之后可以领取养老金，不用买商业养老险。但是，社保作为社会保障性保险，只提供基础的养老保障，如果想要过更有质量的老年生活，则需要根据自己的需求和经济情况来购买一定的商业保险作为补充。

但是养老保险项目不能盲目购买，否则不仅不能使自己安享晚年，还会对自己正常的晚年生活造成影响。所以对于商业养老保险的一些常见坑要注意避免，不要跳了进去。

商业养老保险常见的坑如下：

（1）仅关注预期收益，收益越高则觉得划算

很多人在购买商业养老保险时，会将关注的重点放在预期收益上，觉得收益越高则越划算。其实这是一种错误的观念。

首先，投资者要明确一件事，商业养老保险的收益并不一定是固定的，大部分产品介绍书中的预期收益是基于目前的投资情况对于未来的预测，实际收益是存在波动的，不能直接以预期收益来估算到期收益。

其次，根据养老保险的不同险种，其收益类型也存在不同。目前市面上的养老保险主要包括以下四类。

收益固定型——传统养老险。这类养老险的收益率是固定的，保险金领取时间、领取方式和领取金额都在购买之初做了明确的约定，受益人到期按时领取即可。但是，这类保险的收益比较低，通常收益率在2.0%～2.5%。

收益部分固定型——分红型养老险。分红型养老险的收益分为两个部分，一部分为保底收益率，这部分是确定的，一般为1.5%～2.0%。另一部分为浮动收益，是分红收益，是根据保险公司的经营情况来确定的收益。

收益部分固定型——万能型养老险。万能型养老保险与分红型养老保险相似，收益也分为固定收益部分和浮动收益部分。投保人所交纳的保费在扣除部分初始费用和保障成本后进入个人账户，这部分有2%～2.5%的保证收益；除此之外，还有不确定的额外收益。

收益浮动型——投资连结险。投连险的收益则全部为浮动收益，这类保险的风险较高，这种保险产品所交纳的保费由保险公司代为投资理财，保险公司不承担风险，只收取账户管理费，盈亏由投保人自负。投连险不设保底收益，属于长期投资的手段。

所以，投资者在选择养老保险时不要仅关注预期收益，因为预期收益属于演示需要，与实际获得的收益可能存在较大出入，因此应该明确固定收益部分。那么，对于这些收益类型不同的保险应该怎么选择呢？

从收益角度选择养老保险时，应该在预算范围内，确定保单的保底收益，能够为自己提供足够的保障。如果可以，则可以用剩余资金来争取更高的收益；如果不能，则要考虑这份保单的合理性，对其进行重新考虑。

（2）年领取金额越多，则越划算

投保人购买的养老金，满足了条件之后就会每年定期领取年金。此时，大部分的投保人就会存在这样一个误区：年领取金额越多，则越划算。

但事实并非如此，我们应该将其分开来看。有一些保险产品每年领取的年金额较少，但满期返还较多，因为这一类产品的身故保障功能较强，所以它的养老功能并不明显。

反之，一些养老保险的养老功能较强，每年领取的金额较大，但是其保障性较低或者是没有身故保障功能，所以这类产品通常都设有保证领取年限，未到领取年限就身故可将剩余未领取金额给予指定受益人，一般保证领取期越长越有吸引力。

因此，我们选择养老金时不能仅以领取的年金多少来判断是否划算，还要关注保险的“保障”性，毕竟给予保障才是购买保险的核心。所以，在购买养老保险时，还要重点关注保险的保障范围、保障额度等。

（3）养老保险投得越多则越好

为了能够让自己的老年生活无忧，很多人认为需要在年轻时加大对养老保险的投入，购买得越多，老年也就领得越多，就能过上更好的老年生活。

从理论上来看，确实是如此，养老保险想要领取更多，就需要交更多的保费。但是，如果投保人只顾及未来而不考虑当下，则很有可能让自己及家庭陷入经济危机中。

因此，在购买商业养老保险时，除了应该考虑养老金将来的领取金额之外，还要更多考虑一些基本的实际情况，包括投保年龄、家庭收支情况和通货膨胀等。

前面说了很多投保人购买商业养老保险时存在的一些误区，下面再来介绍一些避坑的措施：

◆ 更关注保险稳定性

我们购买保险的核心在于“保障”，通过杠杆以小博大，以应对家庭可能面对的危机，所以应该选择稳定性强的保险。在选择比较产品时，不要将目光仅锁定在收益率上，而还应该关注该产品的稳定性。例如，关注保险公司的偿付能力、资金运用监管及责任准备金等。

◆ 购买前确定保险的基本要求

购买养老保险之前我们应根据家庭的收支情况、年龄情况和身体情况来确定养老保险的基本要求，主要包括以下三点：

保险的产品类型。通过前面的介绍，我们知道商业养老保险的类型有很多，不同类型的保险其特点风格存在较大差异，有的保险收益高风险高；有的保险收益低风险低；有的保险保障范围广；有的保险保障范围窄。投保人可以根据实际情况进行筛选，可以单独购买，也可以根据其特性进行组合购买。

保险的交费额度。养老保险是对投保人退休后的老年生活进行保障，前期需要大量投入，但是如果交费额度较高，可能会对当前的生活造成负担。所以，最好根据家庭的收入支出情况确定合理的交费额度。

保险的领取方式。商业养老保险养老金的领取方式分为两种：一次性领取和定期领取。定期领取又分为按年领取和按月领取、有时限领取和无时限领取。投保人可根据养老需求、寿命预期等因素对领取方式进行选择。